FORSCHUNGSBERICHTE DES LANDES NORDRHEIN-WESTFALEN

Nr. 1245

Herausgegeben
im Auftrage des Ministerpräsidenten Dr. Franz Meyers
von Staatssekretär Professor Dr. h. c. Dr. E. h. Leo Brandt

DK 621-23

Prof. Dr.-Ing. Walther Meyer zur Capellen
Dipl.-Ing. Peter Danke

Lehrstuhl für Getriebelehre an der Rhein.-Westf. Techn. Hochschule Aachen

Sechspunktige Kreisführungen
durch das Gelenkviereck

WESTDEUTSCHER VERLAG · KÖLN UND OPLADEN 1963

ISBN 978-3-663-06685-9   ISBN 978-3-663-07598-1 (eBook)
DOI 10.1007/978-3-663-07598-1

Verlags-Nr. 011245

© 1963 by Westdeutscher Verlag, Köln und Opladen

Gesamtherstellung: Westdeutscher Verlag

Vorwort

Zur Konstruktion von Koppelrastgetrieben interessieren vor allem diejenigen symmetrischen Koppelkurven, welche eine besonders gute Übereinstimmung zwischen Kurve und Krümmungskreis liefern. Diese Frage wurde in dem vorliegenden Forschungsbericht untersucht, und seine Ergebnisse dürften für den Konstrukteur von besonderer Wichtigkeit sein. Die Abbildungen und die Tabellen erleichtern die praktische Anwendung.

Dem Herrn Kultusminister sei für die Unterstützung bei der Durchführung der vorliegenden Untersuchungen besonders gedankt.

Aachen, im Oktober 1962

Die Verfasser

Inhalt

1. Symmetrische Doppelschwinge in der Vierecklage. Abmessungen 10
   - 1.1 Die symmetrische Doppelschwinge und die gleichwertigen Getriebe   10
   - 1.2 Die Euler-Savarysche Formel und die Abmessungen
     der Doppelschwinge 10
   - 1.3 Übersicht 12

2. Sechspunktige Berührung der Koppelkurve mit dem Krümmungskreis . 15
   - 2.1 Die Bahnkrümmung 15
   - 2.2 Ersatzgetriebe 15
   - 2.21 Weg des Schubgliedes. Taylorreihe 16
   - 2.22 Die Winkel und ihre Ableitungen 17
   - 2.23 Die Getriebefunktion und ihre Ableitungen 17
   - 2.24 Die Ableitungen des Weges s 18
   - 2.241 Erforderliche Ableitungen 18
   - 2.242 Die Koordinaten des Koppelpunktes und ihre Ableitungen 18
   - 2.25 Ergebnis 19

3. Bedingung für sechspunktig berührenden Krümmungskreis 20
   - 3.1 Einschränkungen 20
   - 3.2 Lösungen 21

4. Umlauffähigkeit und Satz von ROBERTS 27
   - 4.1 Die Umlauffähigkeit 27
   - 4.2 Satz von ROBERTS 28

5. Hub der Koppelkurve 31

6. Beispiele 32
   - 6.1 Zur Ermittlung eines bestimmten Getriebes 32
   - 6.2 Beispiele 38

In früheren Arbeiten [1,2] wurden aus dem Zykloidenlenker Getriebe entwickelt, die durch eine die Koppelkurve sechspunktig berührende Tangente besonders gute genäherte Geradführungen aufweisen und sich vorteilhaft zur Konstruktion von Rastgetrieben verschiedener Bauformen [3,4] verwenden lassen. In Fortführung dieser Untersuchungen soll die Bedingung für einen die Koppelkurve eines Gelenkvierecks sechspunktig berührenden Krümmungskreis abgeleitet werden. Denn beschreibt ein Koppelpunkt K eines Gelenkgetriebes A_0ABB_0, Abb. 1, auf einem Stück seiner Bahn angenähert einen Kreis, so bleibt der Abtrieb eines im Koppelpunkt angelenkten Zweischlages KDD_0 in Ruhe, wenn dessen Glied KD gleich dem Krümmungsradius ρ der Koppelkurve ist.

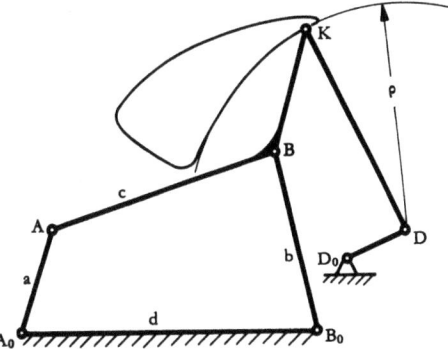

Abb. 1 Gelenkviereck mit angeschlossenem Zweischlag
Das Abtriebsglied DD_0 bleibt in Ruhe, solange der Koppelpunkt K eine Bahn mit konstanter Krümmung durchläuft

1. Symmetrische Doppelschwinge in der Vierecklage. Abmessungen

1.1 Die symmetrische Doppelschwinge und die gleichwertigen Getriebe

Ausgangsgetriebe soll eine symmetrische Doppelschwinge A_0ABB_0 in der Parallellage (Vierecklage) mit einem auf der Mittellinie der Koppel liegenden Koppelpunkt K nach Abb. 2 sein. Infolge der Symmetrieverhältnisse treten einige Vereinfachungen für die Gleichungen der Gliedlängen und des Krümmungsradius ϱ auf, doch wird die Vielfalt der Getriebe dadurch nicht wesentlich eingeschränkt, da mit der Umwandlung nach ROBERTS [5,6] im allgemeinen noch zwei weitere Getriebe hinzukommen, welche die gleiche Koppelkurve zu erzeugen gestatten. Dies bringt auch für die konstruktive Durchbildung des Getriebes wesentliche Vorteile.

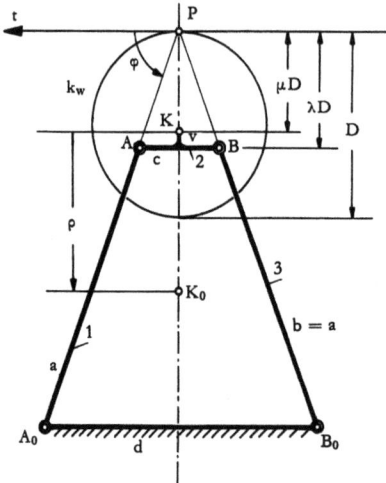

Abb. 2 Bezeichnungen an der symmetrischen Doppelschwinge in der Vierecklage Stellung zum Wendekreis k_w

1.2 Die Euler-Savarysche Formel und die Abmessungen der Doppelschwinge

Mit der Konstruktion nach BOBILLIER [1,6] oder HARTMANN oder rechnerisch aus der Euler-Savaryschen Formel [7,8,6] kann zu der gegebenen Doppelschwinge in Abb. 2 der Wendekreis k_w mit dem Durchmesser D bestimmt werden. Durch den Wendekreisdurchmesser D und den Winkel φ, den der Polstrahl PA₀ mit der Polbahntangente t einschließt, lassen sich die Abmessungen des Gelenkvierecks und der Krümmungsradius ρ der Koppelkurve mit Hilfe der Euler-Savaryschen Formel

$$\frac{1}{r} - \frac{1}{r_0} = \frac{1}{D \sin \varphi} \tag{1}$$

als Vielfache des Wendekreisdurchmessers D ausdrücken; und zwar folgt mit $r_0 = \overline{PA_0}$ bzw. $\overline{PK_0}$, $r = \overline{PA}$ bzw. $\overline{PK} = \mu D$ und λD als Abstand der Koppel AB vom Momentalpol P im einzelnen:

Schwingenlänge

$$\overline{A_0A} = a = \overline{B_0B} = b = \frac{\lambda^2}{(\sin^2 \varphi - \lambda) \sin \varphi} D, \tag{2a}$$

Koppellänge

$$\overline{AB} = c = 2\lambda \frac{\cos \varphi}{\sin \varphi} D, \tag{3a}$$

Steglänge

$$\overline{A_0B_0} = d = 2\lambda \frac{\sin \varphi \cos \varphi}{\sin^2 \varphi - \lambda} D, \tag{4a}$$

Koppelpunktabstand

$$v = (\lambda - \mu) D, \tag{5a}$$

Krümmungsradius

$$\overline{KK_0} = \rho = \frac{\mu^2}{1 - \mu} D. \tag{6a}$$

Diese Ausdrücke sowie die folgende Rechnung vereinfachen sich, wenn man zur Abkürzung einführt

$$Q = \frac{\sin^2 \varphi}{\lambda}. \tag{7}$$

Außerdem zeigt sich, daß der Wendekreisdurchmesser D als Maßstabsfaktor in allen Formeln auftritt. Er sei daher im folgenden gleich eins gesetzt. Dann wird

$$a = b = \frac{\sin \varphi}{Q(Q-1)}, \tag{2b}$$

$$c = \frac{2 \sin \varphi \cos \varphi}{Q}, \tag{3b}$$

$$d = 2 \frac{\sin \varphi \cos \varphi}{Q - 1}, \tag{4b}$$

$$v = \lambda - \mu, \tag{5b}$$

$$\rho = \frac{\mu^2}{1 - \mu}. \tag{6b}$$

1.3 Übersicht

Es ist anzumerken, daß die Abkürzung Q nach Gl. (7) eine einfache Übersicht über die auftretenden Getriebe gestattet. Die Quotienten

$$\frac{c}{d} = 1 - \frac{1}{Q}, \qquad (8)$$

$$\frac{a}{d} = \frac{1}{2 Q \cos \varphi} \qquad (9)$$

und

$$\frac{a}{c} = \frac{1}{2 (Q - 1) \cos \varphi} \qquad (10)$$

führen nämlich im

a) Bereich $0 < Q < \frac{1}{2}$

auf $|a| > |d|$ und $|c| > |d|$. Das sind Doppelkurbeln, deren Drehfähigkeit im Einzelfall zu untersuchen ist. Der

b) Sonderfall $Q = \frac{1}{2}$

bedeutet $|a| = |d|$ und $|c| = |d|$; das ist der gleichläufige Parallelkurbeltrieb. Für den

c) Bereich $\frac{1}{2} < Q < 1$

findet man $|a| > |c|$ und $|c| < |d|$. Das sind Doppelschwingen, deren Koppel c umläuft, wenn zusätzlich $2|a| - |c| > |d|$ erfüllt ist. Für $2|a| - |c| = |d|$ erhält man durchschlagende Doppelschwingen. Schließlich führt der

d) Sonderfall $Q = 1$

nach Gl. (2) und (4) auf $a = b = d = \infty$ bei endlicher Koppellänge c, also auf den Doppelschieber, wie schon an anderer Stelle gezeigt wurde [1]. Für alle Getriebe im

e) Bereich $Q > 1$

findet man $|c| < |d|$ und $a < 0$, $d < 0$, aber $c > 0$. Das sind Doppelschwingen, die nur dann drehfähig sind, wenn zusätzlich $|c| + |d| < 2|a|$ gilt. Für negative Q, also im

f) Bereich $Q < 0$

erhält man mit $|c| > |d|$ Doppelkurbeln, wobei $a > 0$, $c < 0$ und $d < 0$ ist. Die umlauffähigen Getriebe müssen zusätzlich der Bedingung $|c| + |d| < 2|a|$ genügen.

Tab. 1

Q	Getriebe	Punkt A	Punkt A_0	Glied
$-\infty \leq Q < -1$	Doppelkurbeln in der Vierecklage	im Rückkehrkreis	im Halb-Rückkehrkreis	$a > 0$ $c > 0$ $d < 0$
$-1 < Q < 0$		außerhalb Rückkehrkreis	im Rückkehrkreis, außerhalb Halb-Rückkehrkreis	
$Q = 0$	—	—	—	—
$0 < Q < \frac{1}{2}$	Doppelkurbeln in der Überkreuzlage	außerhalb Doppel-Wendekreis	im Doppel-Rückkehrkreis außerhalb Rückkehrkreis	$a < 0$ $c > 0$ $d < 0$
$Q = \frac{1}{2}$	gleichläufiges Parallelkurbelgetriebe in der Überkreuzlage	auf Doppel-Wendekreis	auf Doppel-Rückkehrkreis	—
$\frac{1}{2} < Q < 1$	Doppelschwingen in der Überkreuzlage	im Doppel-Wendekreis, außerhalb Wendekreis	untere Halbebene außerhalb Doppel-Rückkehrkreis	$a < 0$ $c > 0$ $d < 0$
$Q = 1$	Doppelschieber	auf Wendekreis	im Unendlichen	$c > 0$
$1 < Q \leq \infty$	Doppelschwingen in der Vierecklage	im Wendekreis, außerhalb Halb-Wendekreis	obere Halbebene außerhalb Wendekreis	$a > 0$ $c > 0$ $d > 0$
		im Halb-Wendekreis	im Wendekreis	

Diese Fälle sind in der Tab. 1 nochmals zusammengestellt. Untersucht man weiterhin, welche Lage ein Punkt A bezüglich des Wendekreises k_w einnimmt, der obigen Bedingungen unterliegt, wird man auf Abb. 3 geführt, welche die einzelnen Bereiche anschaulich wiedergibt. Außerdem kann mit Abb. 3 die Lage des zu A gehörenden Krümmungsmittelpunktes A_0 zum Wendekreis grob bestimmt werden [9].

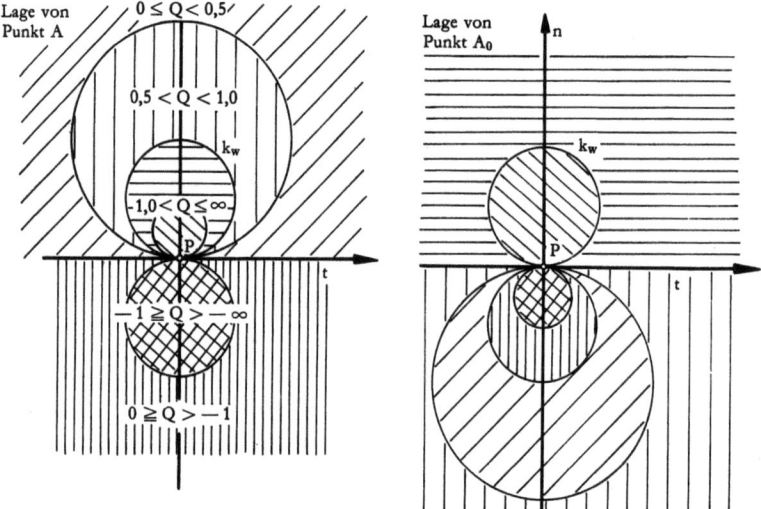

Abb. 3 Zuordnung von Punkt A und zugehörigem Krümmungsmittelpunkt A_0 durch die Euler-Savarysche Formel
Aufteilung der oberen und unteren Halbebene durch den Parameter Q

2. Sechspunktige Berührung der Koppelkurve mit dem Krümmungskreis

2.1 Die Bahnkrümmung

Die Koordinate v des Koppelpunktes K in Abb. 2 soll so bestimmt werden, daß die Krümmung der Koppelkurve in sechs unendlich benachbarten Lagen mit ihrer Krümmung in der Ausgangslage übereinstimmt, wodurch eine sehr gute Anschmiegung der Koppelkurve an den Krümmungskreis der Ausgangslage zu erwarten ist. Die exakte Methode, den Krümmungsradius ρ als Funktion eines Antriebswinkels darzustellen und dann nach der Zeit zu differenzieren, scheitert an den recht unhandlichen Ausdrücken für die Krümmung. Daher soll ein ganz anderer Weg beschritten werden.

2.2 Ersatzgetriebe

Man denke sich im Koppelpunkt K ein Glied 4 von der Länge des Krümmungsradius $\overline{KK_0} = \rho$ der Ausgangslage angeschlossen, welches in K_0 ein längs der Symmetrieachse verschiebliches Schubglied 5 trägt, Abb. 4. Solange sich der

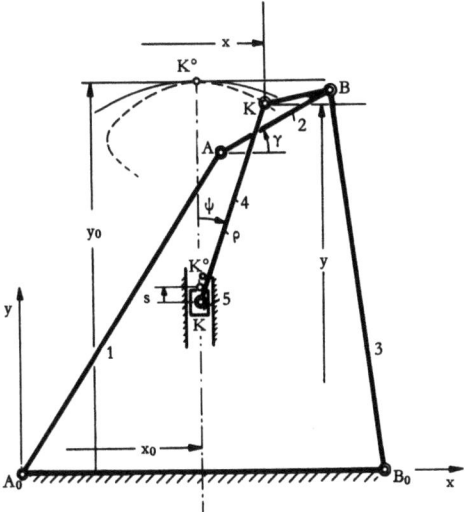

Abb. 4 Symmetrische Doppelschwinge in ausgelenkter Lage
mit angeschlossenem Schubglied 5
Hub s des Schubgliedes im x,y-System

Koppelpunkt K auf einer exakten Kreisbahn bewegt, muß der Gleitstein 5 in Ruhe bleiben; weicht die Koppelkurve von der Kreisbahn ab, durchläuft das Schubglied den Weg s. Dabei schließt Glied 4 mit der Symmetrieachse den Winkel ψ ein.

2.21 Weg des Schubgliedes. Taylorreihe

Das Getriebe aus Abb. 2 wird in ein kartesisches Koordinatensystem mit dem Ursprung A_0 gelegt. Dann gilt

$$s = y_0 - y - \rho(1 - \cos \psi) \qquad (11)$$

und

$$\sin \psi = (x - x_0)/\rho, \quad \text{vgl. Abb. 4,} \qquad (12)$$

mit den Koordinaten x und y des Koppelpunktes K, die durch die Abmessungen und einen Winkel für die Stellung des Getriebes bestimmt sind.

Der Weg s kann in eine Taylorreihe um die Ausgangsstellung entwickelt werden, wobei man als Variable zweckmäßig den Koppelwinkel γ wählt, s. Abb. 5:

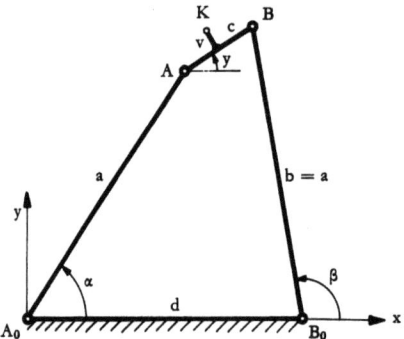

Abb. 5   Symmetrische Doppelschwinge in allgemeiner Lage, Bezeichnungen

$$s = s(0) + \frac{\gamma}{1!}s'(0) + \frac{\gamma^2}{2!}s''(0) + \frac{\gamma^3}{3!}s'''(0) + \frac{\gamma^4}{4!}s^{(4)}(0) + \cdots \qquad (13)$$

Verschwindet die erste Ableitung $s'(0)$, d. h. ist die Geschwindigkeit des Schubgliedes null, so liegt eine zweipunktige Berührung vor, der Koppelpunkt bewegt sich in der Tangente an den Krümmungskreis. Analog liegt dann für $s''(0) = 0$ eine dreipunktige, für $s'''(0) = 0$ eine vierpunktige und $s^{(4)}(0) = 0$ eine fünfpunktige Berührung von Koppelkurve und Krümmungskreis vor. Aus der Symmetrie des Getriebes folgt nun, daß die Berührung nur geradzahlig sein kann, so daß $s^{(4)}(0) = 0$ auch eine sechspunktige Berührung bedeutet, welche das Optimum des auf diesem Wege Erreichbaren darstellt.

Da der Krümmungskreis ganz allgemein eine Kurve dreipunktig berührt und aus Symmetriegründen im vorliegenden Fall bereits vierpunktig, müssen die ersten drei Ableitungen s'(0) bis s'''(0) aus sich heraus bereits verschwinden, was vorteilhaft zur Kontrolle der Rechnung herangezogen wird. Die eigentliche Aufgabe besteht also darin, die vierte Ableitung von Gl. (11) nach dem Koppelwinkel γ zu bilden und gleich null zu setzen.

2.22 Die Winkel und ihre Ableitungen

Die Koppelpunktskoordinaten x und y in Gl. (11) und (12) sind abhängig von den Winkeln α und γ nach Abb. 5. Da nach der Robertsschen Umwandlung, s. Abs. 4.2, der Antriebswinkel der Kurbelschwinge dem Koppelwinkel der Doppelschwinge entspricht, wird zweckmäßig γ als unabhängig Veränderliche gewählt. Dann treten aber in den Ableitungen von x und y die Ableitungen von α nach γ auf, die zunächst berechnet werden sollen.

2.23 Die Getriebefunktion und ihre Ableitungen

Aus Abb. 5 liest man für die x- und y-Richtung ab

$$a \cos \alpha + c \cos \gamma - b \cos \beta = d,$$
$$a \sin \alpha + c \sin \gamma - b \sin \beta = 0. \qquad (14)$$

Quadrieren und Addieren führt mit b = a auf die Getriebefunktion [1] F(α, γ):

$$F(\alpha, \gamma) = ad \cos \alpha + cd \cos \gamma - ac \cos (\alpha - \gamma) - (c^2 + d^2)/2 = 0 \qquad (15)$$

Durch viermaliges Differenzieren nach γ ergeben sich nacheinander die Ableitungen $\alpha'(0) = \dfrac{d\alpha}{d\gamma}(0)$, α'', α''' und $\alpha^{(4)}$ an der Stelle γ = 0 und α(0) = φ, wobei die höheren Ableitungen zweckmäßig als Funktion der ersten geschrieben werden. Aus Gl. (15) folgt zunächst

$$-ad \sin \alpha \frac{d\alpha}{d\gamma} - cd \sin \gamma + ac \sin (\alpha - \gamma)\left(\frac{d\alpha}{d\gamma} - 1\right) = 0.$$

In der Ausgangsstellung, also α = φ und γ = 0, erhält man daraus

$$\frac{d\alpha}{d\gamma}(0) = \alpha'(0) = \frac{c}{c-d} = -\frac{\sin^2\varphi - \lambda}{\lambda} = 1 - Q. \qquad (16)$$

Die höheren Ableitungen, deren Berechnung hier unterdrückt ist, ergeben, wenn statt α'(0) zur Abkürzung nur α' geschrieben wird:

$$\alpha''(0) = -\frac{cd \cot\varphi}{(c-d)^2} = -\alpha'(\alpha' - 1) \cot \varphi, \qquad (17)$$

$$\alpha'''(0) = -\frac{cd(c+d)}{(c-d)^3} = -\alpha'(\alpha'-1)(2\alpha'-1) \tag{18}$$

und

$$\alpha^{(4)}(0) = \alpha'(\alpha'-1)\cotg\varphi\,[1 + 3\alpha'(\alpha'-1)(1-\cotg^2\varphi)], \tag{19}$$

in Übereinstimmung mit [1].

2.24 Die Ableitungen des Weges s

2.241 Erforderliche Ableitungen

Differentiiert man, wie in Abs. 2.21 gefordert, den Weg s viermal nach γ, so erhält man

$$s'(0) = y'(0), \tag{20a}$$

$$s''(0) = -y''(0) - \rho\psi'^2(0), \tag{20b}$$

$$s'''(0) = -y'''(0) - 3\rho\psi'(0)\psi''(0) \tag{20c}$$

und

$$s^{(4)}(0) = -y^{(4)}(0) + \rho[\psi'(0)]^4 - 4\rho\psi'(0)\psi'''(0) \tag{20d}$$

mit

$$\psi'(0) = \frac{x'(0)}{\rho}, \tag{21a}$$

$$\psi''(0) = \frac{x''(0)}{\rho} \tag{21b}$$

und

$$\psi'''(0) = \frac{x'''(0)}{\rho} + \frac{x'^3(0)}{\rho^3} \tag{21c}$$

aus Gl. (12), da für γ = 0 auch ψ = 0 gilt.

Also sind die ersten drei Ableitungen der Koppelpunktskoordinaten x und die ersten vier Ableitungen von y zu bilden.

2.242 Die Koordinaten des Koppelpunktes und ihre Ableitungen

Aus Abb. 5 liest man für die Koordinaten des Koppelpunktes K ab

$$x_K = x = a\cos\alpha + \frac{c}{2}\cos\gamma - v\sin\gamma \tag{22}$$

und

$$y_K = y = a\sin\alpha + \frac{c}{2}\sin\gamma + v\cos\gamma. \tag{23}$$

Mit den Gln. (16) bis (19) folgt, z.T. nach längerer Rechnung:

$$x'(0) = \mu, \tag{24}$$

$$x''(0) = 0 \tag{25}$$

und

$$x'''(0) = -\frac{3}{\lambda}(\sin^2 \varphi - \lambda) - \mu = -3(Q-1) - \mu. \tag{26}$$

Ebenso

$$y'(0) = 0, \tag{27}$$

$$y''(0) = (\mu - 1), \tag{28}$$

$$y'''(0) = 0, \tag{29}$$

und

$$y^{(4)}(0) = \frac{3}{\lambda^2}[2\lambda^2 + \lambda(1 - 6\sin^2 \varphi) - \sin^2 \varphi(1 - 4\sin^2 \varphi)] \tag{30}$$
$$+ (1 - \mu) = 3\left(4\alpha'^2 - 2\alpha' + \frac{\alpha'}{\mu}\right) + (1 - \mu).$$

Die Gln. (24) bis (26) werden in die Gln. (21a, b und c) eingesetzt, so daß man erhält

$$\psi'(0) = \frac{1 - \mu}{\mu}, \tag{31a}$$

$$\psi''(0) = 0 \tag{31b}$$

und

$$\psi'''(0) = \frac{(3\alpha' - \mu)(1 - \mu)}{\mu^2} + \left(\frac{1 - \mu}{\mu}\right)^3. \tag{31c}$$

2.25 Ergebnis

Setzt man die vorstehenden Gln. (27) bis (31) in die Gln. (20a–d) ein, so folgen die Ableitungen des Weges endgültig zu

$$s'(0) = 0, \tag{32a}$$

$$s''(0) = 0, \tag{32b}$$

$$s'''(0) = 0 \tag{32c}$$

und

$$s^{(4)}(0) = -3\left[4\alpha'^2 - 6\alpha' + \frac{\alpha'}{\lambda} + \frac{4\alpha'}{\mu} + 2 + \frac{1}{\mu}\left(\frac{1 - 3\mu}{\mu}\right)\right]. \tag{32d}$$

Einsetzen von Gl. (16) zieht hier keine Vereinfachungen mehr nach sich.

3. Bedingung für sechspunktig berührenden Krümmungskreis

Nach Abs. 2.21 soll auch die vierte Ableitung des Weges verschwinden, um die Bedingung der sechspunktigen Berührung zu erfüllen. Das heißt, die eckige Klammer in Gl. (32d) ist gleich null zu setzen, woraus die gesuchte Bedingung folgen muß. Beim Auflösen nach μ erhält man die quadratische Gleichung

$$\mu^2\left(4\alpha'^2 - 6\alpha' + 2 + \frac{\alpha'}{\lambda}\right) + \mu(4\alpha' - 3) + 1 = 0, \tag{33}$$

welche für $\mu = 1$, d. h. Koppelpunkt K ist gleich dem Wendepol, die aus [1] bekannte Bedingung für eine die Koppelkurve sechspunktig berührende Tangente liefert:

$$\lambda = 2\sin^2\varphi - \frac{1}{2}.$$

Auf dieselbe Gleichung führt auch, wie zu erwarten, $\lambda = \mu$, d. h. der Koppelpunkt liegt auf der Koppel.
Die weitere Behandlung von Gl. (33) bringt keine Vereinfachungen mehr. Beim Auflösen von Gl. (32d) nach $\sin\varphi$ wird man auf eine quadratische Gleichung für $\sin^2\varphi$ geführt, die schließlich als Ergebnis die Bedingung für einen sechspunktig berührenden Krümmungskreis liefert.

$$\sin^2\varphi = \frac{1}{4}\left[\lambda + \frac{2\lambda}{\mu} + \frac{1}{2} \pm \sqrt{\left(\lambda - \frac{1}{2}\right)^2 - 2\lambda\left(\frac{\mu-1}{\mu}\right)}\right]. \tag{34}$$

3.1 Einschränkungen

Die Gl. (34) gilt nicht für alle Parameterkombinationen λ und μ. Aus den Eigenschaften der sinus-Funktion folgen drei Bedingungen, welche die μ-λ-Ebene in mehrere Gültigkeitsbereiche einteilen.

a) Es können nur reelle Lösungen vorkommen, also muß der Radikand positiv sein. Man erhält aus

$$\left(\lambda - \frac{1}{2}\right)^2 - 2\lambda\left(\frac{\mu-1}{\mu}\right) \geqq 0 \text{ die Bedingung}$$

$$\mu \lesseqgtr \frac{2\lambda}{3\lambda - \lambda^2 - \frac{1}{4}}. \tag{35}$$

b) Da $\sin^2 \varphi \leq 1$ gilt, wird man auf eine quadratische Gleichung in μ mit den Lösungen

$$\mu_1 \leq \lambda \quad \text{und} \quad \mu_2 \leq \frac{\lambda}{3-\lambda} \tag{36}$$

geführt.

c) Schließlich gilt noch $\sin^2 \varphi \geq 0$. Auch diese Bedingung ergibt eine quadratische Gleichung in μ mit den Lösungen

$$\mu_{1,2} = -\frac{\lambda}{2}\left(1 \pm \sqrt{\frac{\lambda-4}{\lambda}}\right). \tag{37}$$

In Abb. 6 sind diese Grenzkurven in ein μ-λ-System eingezeichnet, das durch sie in verschiedene Gebiete eingeteilt wird, in denen zwei, eine oder gar keine Lösung von Gl. (34) möglich sind. Man sieht, daß nur kleine Felder für eine Lösung, also für eine sechspunktige Kreisführung in Frage kommen. Dazu scheinen Getriebe mit $\lambda > 2$ oder $\mu > 2$ kaum praktisch ausführbar, wodurch das Gebiet noch weiter eingeschränkt wird.

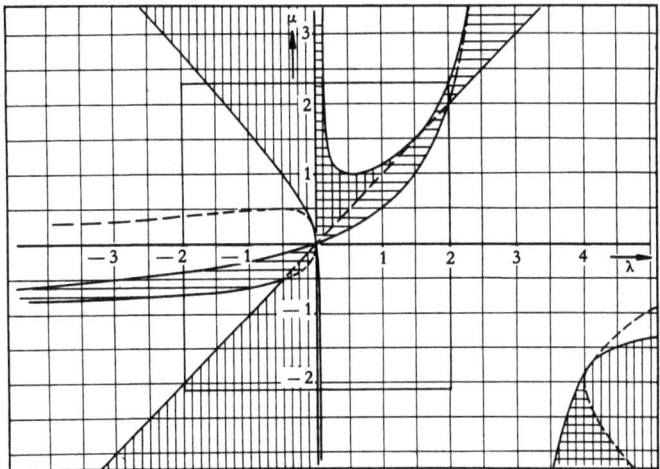

Abb. 6 Aufteilung der λ, μ-Ebene in die Bereiche, in denen Gl. (34) Lösungen besitzt. Nichtschraffierte Bereiche: keine Lösung; senkrecht schraffiert: nur die positive Wurzel ist eine Lösung; horizontal schraffiert: nur die negative Wurzel ist eine Losung; kreuzweise schraffiert: zwei Lösungen

3.2 Lösungen

In dem in Abb. 6 umrissenen Bereich wurde Gl. (34) elektronisch gelöst[1]. Das Ergebnis zeigen die Abb. 7–11 für die Winkel φ_1 und φ_2 und die Abb. 12–16 für den Wert $Q = \dfrac{\sin^2 \varphi}{\lambda}$, jeweils über μ mit λ als Parameter, mit denen nach den

[1] Mit freundlicher Unterstützung der Firma IBM in der elektronischen Rechenzentrale Honigmann & Gillessen GmbH, Aachen, der dafur an dieser Stelle herzlich gedankt sei.

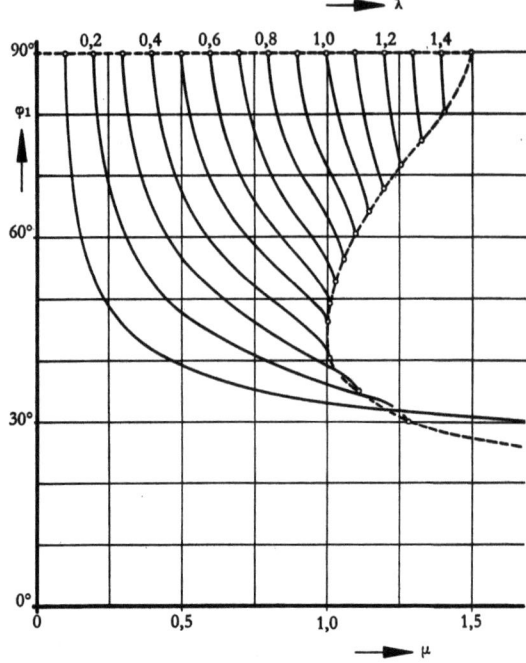

Abb. 7   Winkel φ_1 im 1. Quadranten von Abb. 6 uber μ mit λ als Parameter

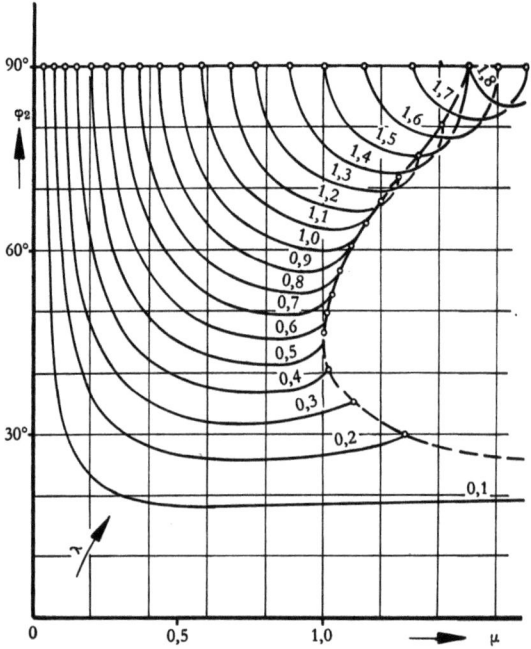

Abb. 8   Winkel φ_2 im 1. Quadranten von Abb. 6 uber μ mit λ als Parameter

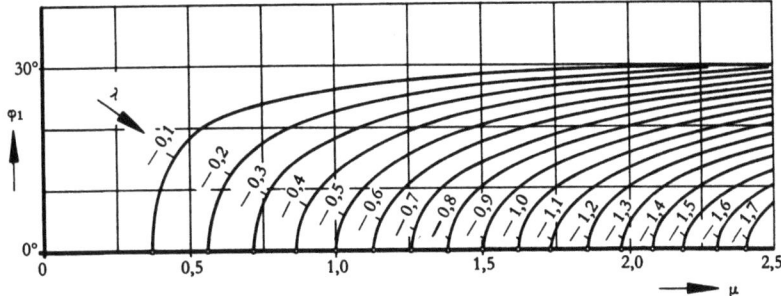

Abb. 9 Winkel φ_1 im 2. Quadranten von Abb. 6 über μ mit λ als Parameter

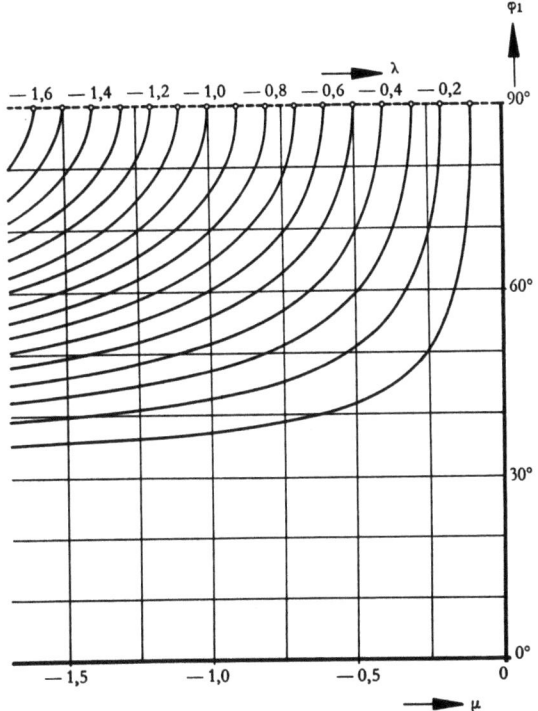

Abb. 10 Winkel φ_1 im 3. Quadranten von Abb. 6 über μ mit λ als Parameter

Gln. (2) bis (6) alle Gliedabmessungen leicht berechnet werden können. Die Grenzkurven in diesen Diagrammen folgen aus den Gln. (35) bis (37), doch soll ihre Diskussion nicht im einzelnen angeführt werden. Die Gliedlängen selbst aufzutragen, würde einen sehr umfangreichen Diagrammteil ergeben und den Rahmen einer solchen Untersuchung sprengen. Auch die Abb. 6–16 sind mehr zur schnellen Orientierung gedacht, für konstruktive Ausführungen reicht ihre Genauigkeit nicht aus. Daher sind die Tab. 2–4 angefügt, aus denen die Werte für $\sin \varphi_1$, $\sin \varphi_2$, Q_1 und Q_2 genau entnommen werden können. Die Einteilung entspricht den Quadranten von Abb. 6.

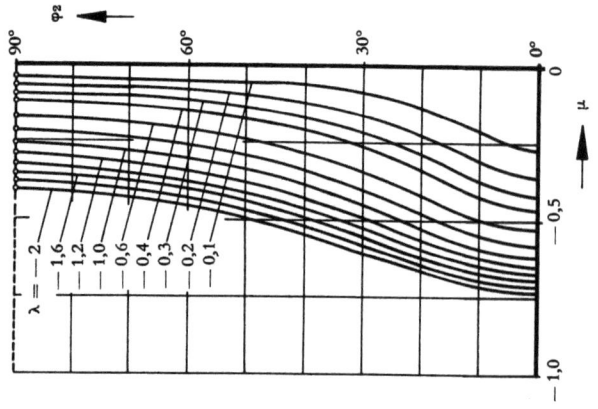

Abb. 11 Winkel φ_2 im 3. Quadranten von Abb. 6 über μ mit λ als Parameter

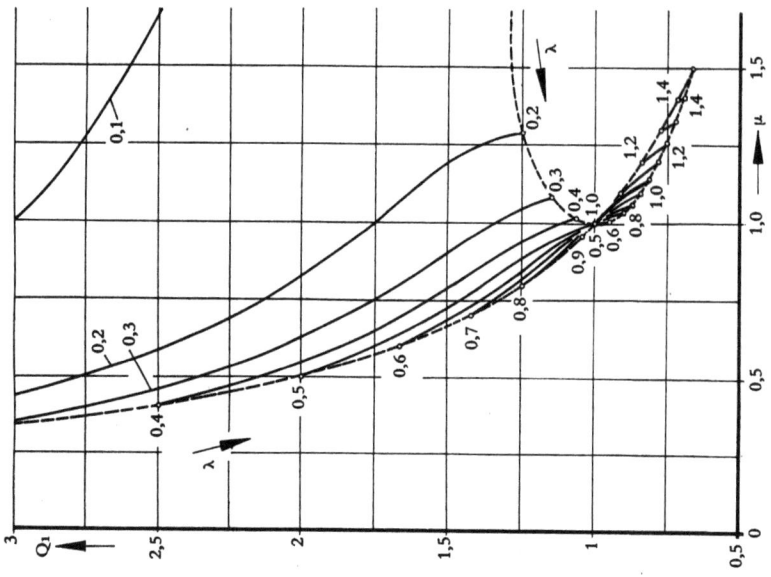

Abb. 12 Faktor Q_1 im 1. Quadranten von Abb. 6 über μ mit λ als Parameter

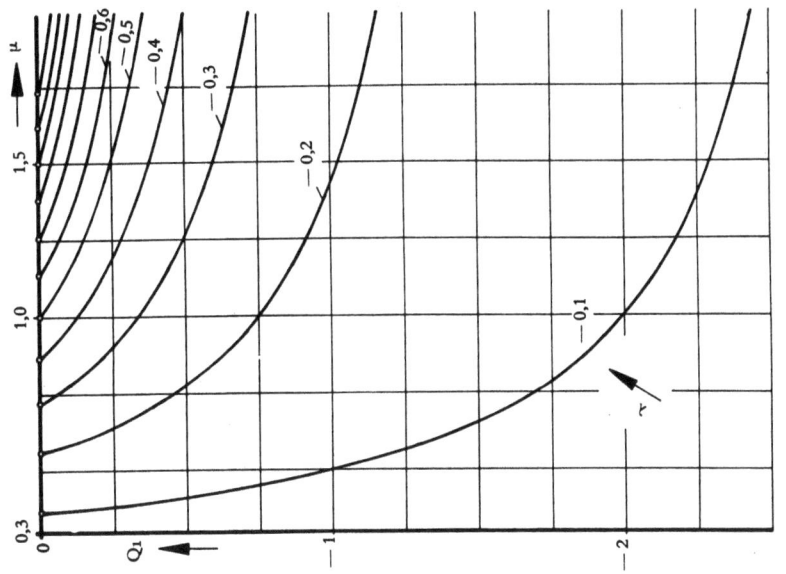

Abb. 14 Faktor Q_1 im 2. Quadranten von Abb. 6 über μ und λ als Parameter

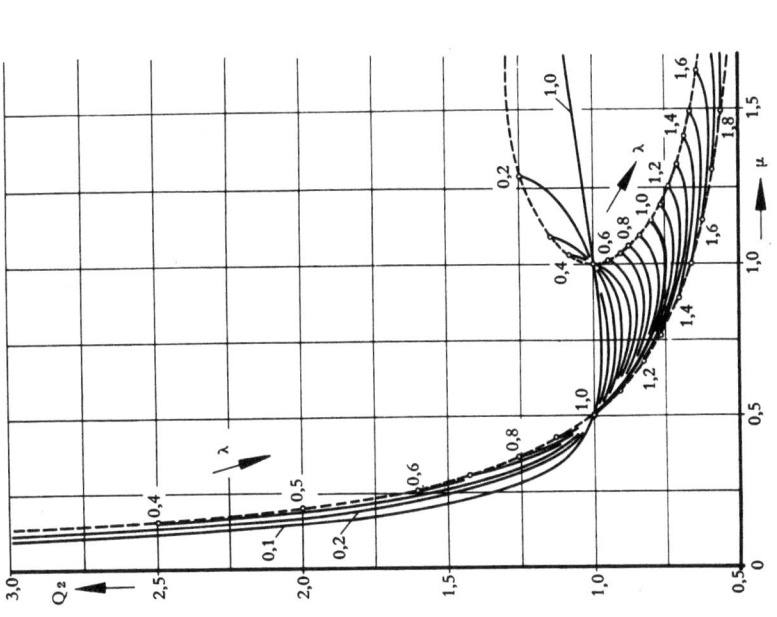

Abb. 13 Faktor Q_2 im 1. Quadranten von Abb. 6 über μ mit λ als Parameter

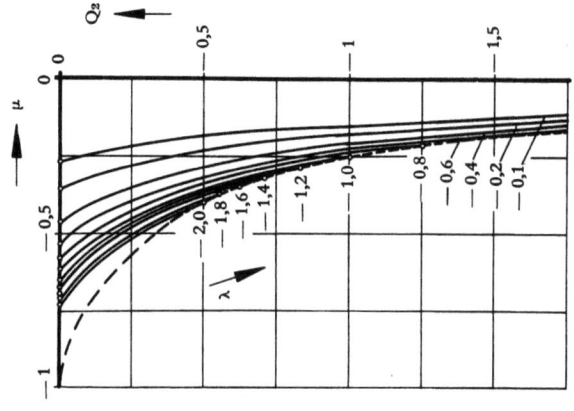

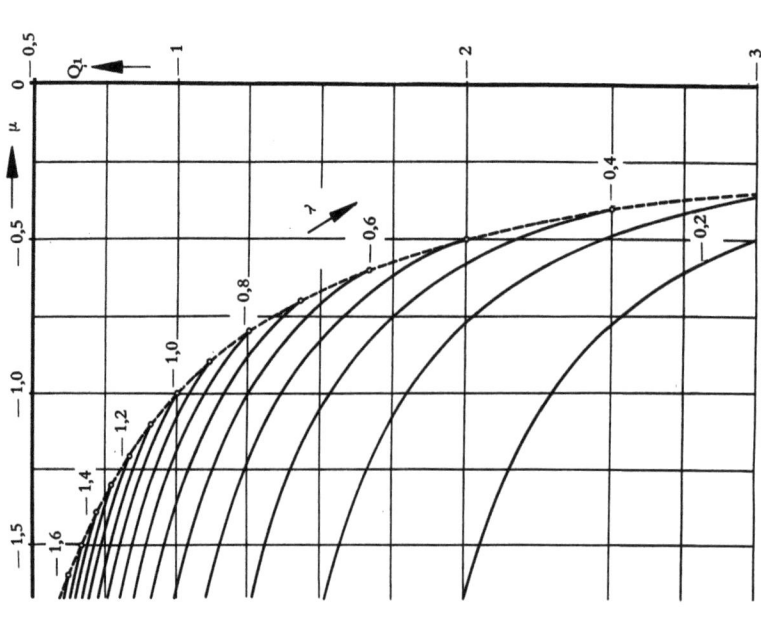

Abb. 15 Faktor Q_1 im 3. Quadranten von Abb. 6 uber μ mit λ als Parameter

Abb. 16 Faktor Q_2 im 3. Quadranten von Abb. 6 uber μ mit λ als Parameter

4. Umlauffähigkeit und Satz von Roberts

4.1 Die Umlauffähigkeit

Nach dem Satz von Grashof [1,8] ist eine Viergelenkkette nur dann umlauffähig[2], wenn die Summe G aus den absoluten Gliedlängen des kleinsten und größten Gliedes kleiner ist als die Summe S aus den Längen der verbleibenden Glieder. Mit den Gln. (2) bis (4) in Verbindung mit Gl. (34) ist diese Untersuchung schwierig. Bezieht man aber, wie in Abs. 1.3 bereits einmal angeführt, die Gliedlängen a = b und c auf den Steg d, also

$$\frac{a}{d} = \bar{a} = \frac{1}{2Q \cos \varphi} \tag{38}$$

und

$$\frac{c}{d} = \bar{c} = 1 - \frac{1}{Q}, \tag{39}$$

wobei $\bar{d} = 1$ wird, können diese bezogenen Abmessungen über Q aufgetragen werden, s. Abb. 17. Für $\bar{c}$ erhält man eine Hyperbel, entsprechend für a eine Hyperbelschar. Die Diskussion mit dem Satz von Grashof ist für das Beispiel $\varphi = 60°$ in Abb. 18 durchgeführt. Danach erhält man nur im Bereich $-0,5 < Q < 1,5$ umlauffähige Getriebe. Diese Schranken sind, wie aus Gl. (38) folgt, vom Winkel φ abhängig, und man erhält die Grenze der Umlauffähigkeit Q_{gr} aus

$$|\bar{c}| + |\bar{d}| = 2|\bar{a}|.$$

Einsetzen von Gl. (38) und (39) liefert dann

$$Q_{gr} = \frac{1}{2}\left(\frac{\cos \varphi \pm 1}{\cos \varphi}\right), \tag{40}$$

oberes Vorzeichen für positive Q, unteres für negative. Dieser Grenzwert wurde in Abb. 19 über φ aufgetragen.

---

[2] Im älteren Schrifttum ist das Wort „drehfähig" zu finden. Der Sachverhalt wird aber besser durch das Wort „umlauffähig" bezeichnet. So dreht sich die Schwinge einer Kurbelschwinge hin und her, aber sie läuft nicht um wie die Kurbel gegenüber dem Steg (oder die Koppel).

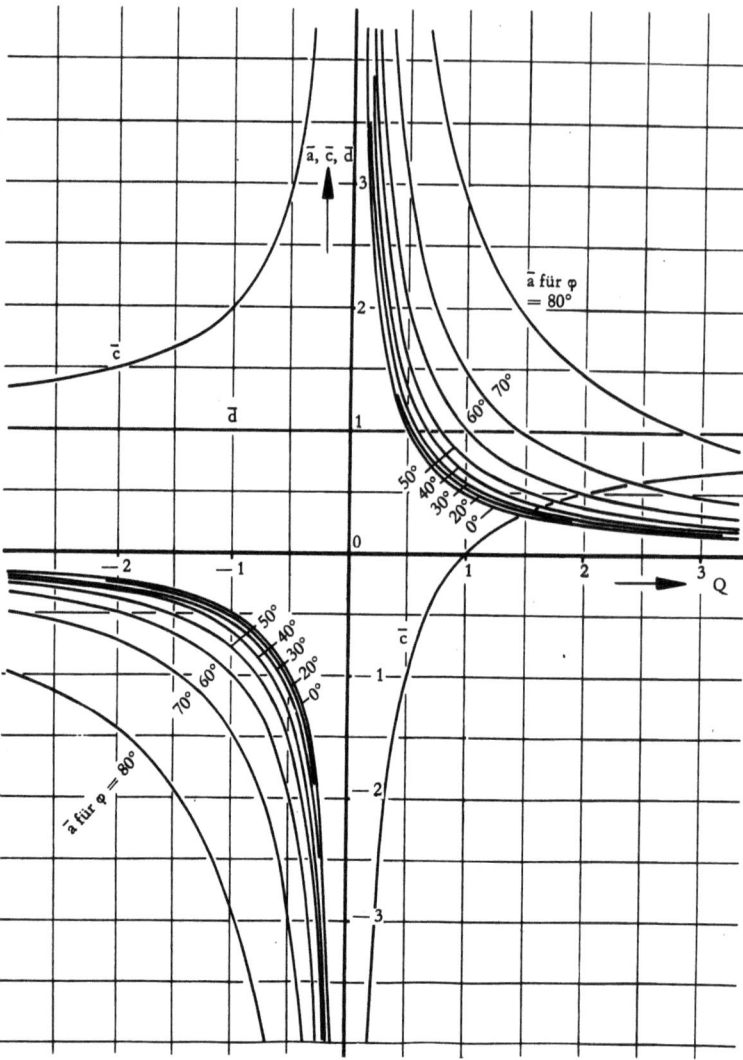

Abb. 17 Die bezogenen Gliedlangen $\bar{a}$, $\bar{c}$ und $\bar{d} = 1$ als Funktion des Faktors Q für verschiedene Winkel φ

4.2 Satz von Roberts

Nach dem Satz von Roberts [5] kann eine beliebige Koppelkurve eines Gelenkvierecks im allgemeinen noch durch zwei weitere Gelenkvierecke erzeugt werden. Das kann für die konstruktive Ausbildung des Getriebes von entscheidender Bedeutung sein. Da in der vorstehenden Entwicklung von einer symmetrischen Doppelschwinge ausgegangen wurde, sind die beiden aus der Konstruktion nach

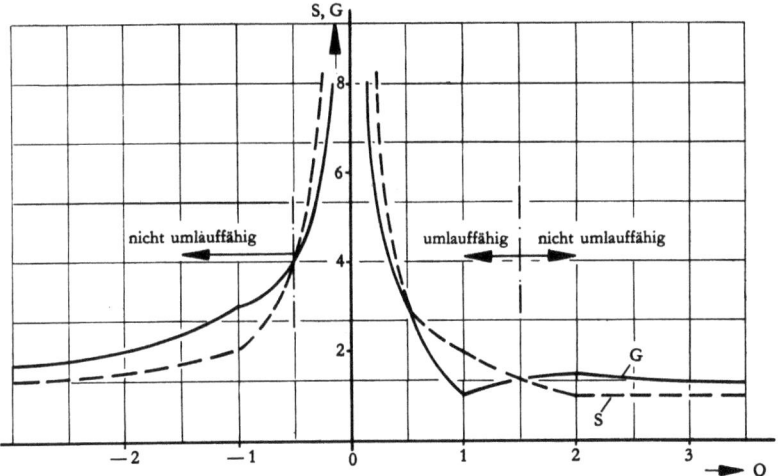

Abb. 18 Verlauf der Summe G aus den Gliedlängen des größten und kleinsten Gliedes und der Summe S der verbleibenden Gliedlängen über Q für das Beispiel $\varphi = 60°$. Bereiche der umlauffähigen und der nicht umlauffähigen Getriebe

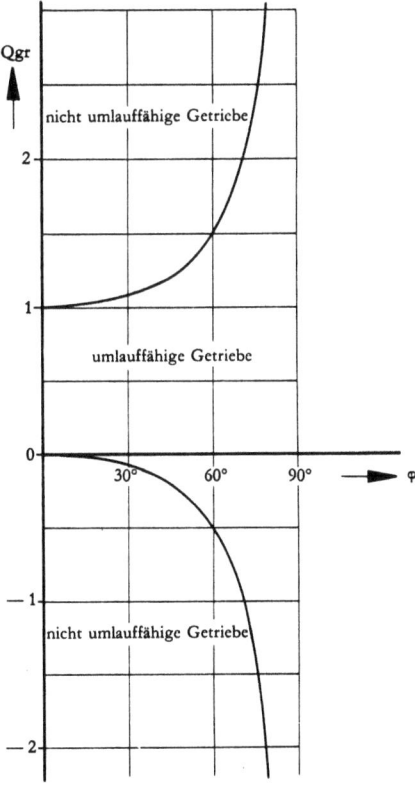

Abb. 19 Parameter Q_{gr} für die Grenze der Umlauffähigkeit als Funktion des Winkels φ

ROBERTS zu erwartenden Getriebe spiegelbildlich zueinander und haben sonst gleiche Abmessungen, s. Abb. 20. Im einzelnen ergeben sich [5,8] für das umgewandelte Getriebe (Index 1) $A_0A_1B_1B_{10}$ mit K als Koppelpunkt die Gliedlängen:

$$a_1 = u = \overline{KA}, \tag{41a}$$

$$b_1 = c_1 = w_1 = \overline{KB_1} = \frac{u}{c} a, \tag{41b}$$

$$d_1 = \frac{u}{c} d, \tag{41c}$$

$$u_1 = a, \tag{41d}$$

wenn u und w bzw. u_1 und w_1 die Abstände des Koppelpunktes K von A und B sind. Für die Ausgangsgetriebe gilt $u = w$ mit $u^2 = c^2/4 + v^2$. Das erhaltene Getriebe ist gleichschenklig [10]. Man ersieht aus Abb. 20 noch, daß dem Koppelwinkel der Doppelschwinge der Antriebswinkel der Kurbelschwinge entspricht, der lediglich um den konstanten Winkel $\varkappa$ verschoben ist, wobei $\cos \varkappa = \dfrac{c/2}{u}$ bzw. $\sin \varkappa = \dfrac{v}{u}$ gilt. Ausgangslage des umgewandelten Getriebes $A_0A_1B_1B_{10}$ ist die innere Steglage unabhängig vom Vorzeichen von v. Die Symmetrielinie der Koppelkurve schließt mit dem Steg den Winkel $\dfrac{\pi}{2} + \varkappa$ ein [11]. (Dort wurde von der Überkreuzlage bzw. der äußeren Steglage ausgegangen, so daß dort ein positiver Wert hier einem negativen entspricht, vgl. a. [12].) Auf ihr liegt dann im Abstand ρ von K der Punkt K_0.

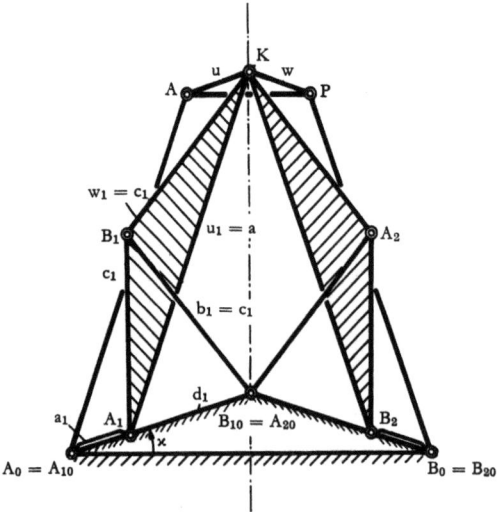

Abb. 20 Symmetrische Doppelschwinge A_0ABB_0 mit Koppelpunkt K und die aus der Umwandlung nach ROBERTS folgenden gleichschenkligen Kurbelschwingen $A_{10}A_1B_1B_{10}$ und $B_{20}B_2A_2A_{20}$ jeweils mit dem Koppelpunkt K

5. Hub der Koppelkurve

Den Gesamthub h der Koppelkurve in Richtung der Symmetrielinie erhält man bei der Doppelschwinge als Differenz der Koppelpunktskoordinaten für Viereck- und Überkreuzlage, also, wenn der Koppelwinkel γ als Veränderliche angenommen wird:

$$h = y_K(0) - y_K(\pi),$$

und mit Gl. (23)

$$h = 2v + a\,[\sin\alpha(0) - \sin\alpha(\pi)]. \tag{42}$$

Nun folgt für die Vierecklage, da $\alpha(0) = \varphi$:

$$\cos\varphi = \frac{d-c}{2a}, \tag{43}$$

und für die Überkreuzlage

$$\cos\alpha(\pi) = \frac{d+c}{2a} = \cos\varphi + \frac{c}{a}. \tag{44}$$

Für das umgewandelte Getriebe gilt nach [11] für den Hub h der Koppelkurve auch

$$h = 2c_1\,[\sin(\beta_I + \varkappa) - \sin(\beta_{II} + \varkappa)]. \tag{45}$$

Dabei sind β_I bzw. β_{II} die Winkel, welche die Schwinge b_1 mit dem Steg d_1 in der äußeren bzw. inneren Steglage einschließt. Sie berechnen sich aus

$$\cos\beta_I = \frac{d_1 + a_1}{2c_1} \quad \text{und} \quad \cos\beta_{II} = \frac{d_1 - a_1}{2c_1} = \cos\beta_I + \frac{c_1}{a_1}. \tag{46, 47}$$

6. Beispiele

6.1 Zur Ermittlung eines bestimmten Getriebes

Zum Auffinden des zu einem bestimmten Wert Q gehörenden Getriebes ist Tab. 1 vorteilhaft zu benutzen. Man skizziert sich nach den dortigen Anweisungen zu vorgegebenem Wendekreis und Polbahntangente gemäß Abb. 2 die Lage zusammengehörender Punkte A und A_0 bzw. B und B_0 und K und K_0. Der Steg d liegt dann z. B. für alle Q mit $-\infty < Q < 1$ in der Halbebene des Rückkehrkreises. Positiver Koppelpunktsabstand v heißt in allen Fällen, daß der Koppelpunkt in der Vierecklage auf der dem Steg abgewandten Seite der Koppel liegt. Es wäre noch günstig, bereits bei der Auswahl eines Getriebes entscheiden zu können, ob der Krümmungsmittelpunkt K_0 in das Getriebe fällt oder ob er außerhalb liegt. Leider läßt sich darüber keine allgemeine Aussage machen. Die genaue Lage von K_0 muß im einzelnen Fall rechnerisch bestimmt werden, wobei wieder Abb. 3 zur Hilfe genommen werden kann.

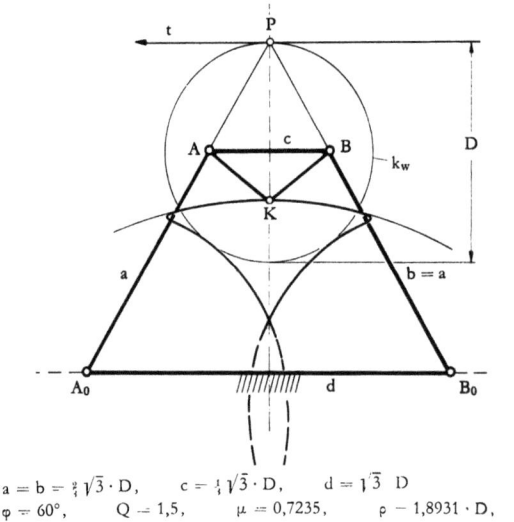

$a = b = \tfrac{2}{3}\sqrt{3} \cdot D,$ $c = \tfrac{1}{3}\sqrt{3} \cdot D,$ $d = \sqrt{3}\, D$
$\varphi = 60°,$ $Q = 1{,}5,$ $\mu = 0{,}7235,$ $\rho = 1{,}8931 \cdot D,$

Abb. 21 Durchschlagende Doppelschwinge mit sechspunktig berührendem Krümmungskreis der Koppelkurve mit $Q = \tfrac{1}{2}$, $\lambda = \tfrac{1}{2}$ und $\varphi = 60°$.
Schwinge $a = b = \tfrac{2}{3}\sqrt{3}\, D$, Koppel $c = \tfrac{1}{3}\sqrt{3}\, D$,
Steg $d = \sqrt{3}\, D$, Krümmungsradius der Koppelkurve $\rho = 1{,}8931\, D$,
$\mu = 0{,}7235$

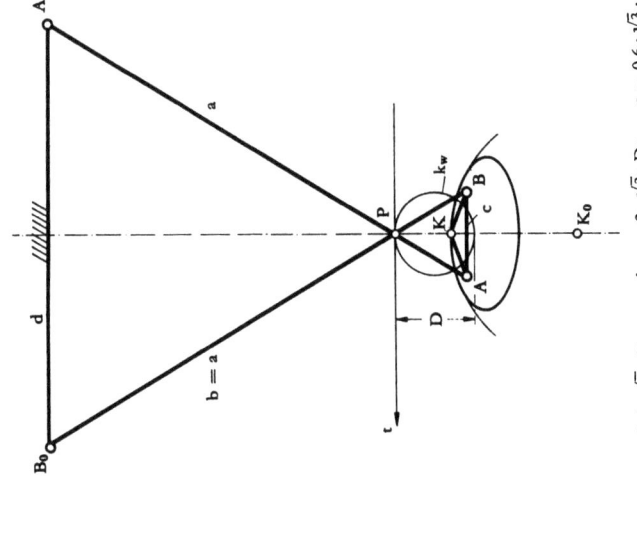

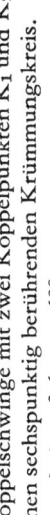

$a = b = 1{,}6\sqrt{3} \cdot D$;
$c = 0{,}4\sqrt{3} \cdot D$;
$d = 2\sqrt{3} \cdot D$;
$Q = 1{,}25$;
$\lambda = 0{,}6, \varphi = 60°$;
$v_{1,2} = \mp 0{,}2446 \cdot D$;
$\rho_1 = 4{,}59 \cdot D, \rho_2 = 0{,}195 \cdot D$;

Abb. 22 Doppelschwinge mit zwei Koppelpunkten K_1 und K_2 für einen sechspunktig berührenden Krümmungskreis.
$Q = \tfrac{5}{4}, \lambda = 0{,}6, \varphi = 60°$.
Schwinge $a = b = 1{,}6\sqrt{3}\,D$, Koppel $c = 0{,}4\sqrt{3}\,D$,
Steg $d = 2\sqrt{3}\,D$, $v_{1,2} = \mp 0{,}2446\,D$,
$\rho_1 = 4{,}59\,D, \rho_2 = 0{,}195\,D$

$a = b = -3{,}6 \cdot \sqrt{3} \cdot D$; $d = -3 \cdot \sqrt{3} \cdot D$; $c = 0{,}6 \cdot \sqrt{3} \cdot D$;
$\varphi = 60°$, $Q = \tfrac{5}{6}$; $v = 0{,}20 \cdot D$; $\mu = 0{,}698$;
$\rho = 1{,}617 \cdot D$;

Abb. 23 Doppelschwinge in der Überkreuzlage. Koppelkurve mit sechspunktig berührendem Krümmungskreis.
$Q = \tfrac{5}{6}, \lambda = 0{,}9, \varphi = 60°$.
Schwinge $a = b = -3{,}6\sqrt{3}\,D$, Koppel $c = 0{,}6\sqrt{3}\,D$,
Steg $d = -3\sqrt{3}\,D, \mu = 0{,}698, v = 0{,}20\,D, \rho = 1{,}617\,D$

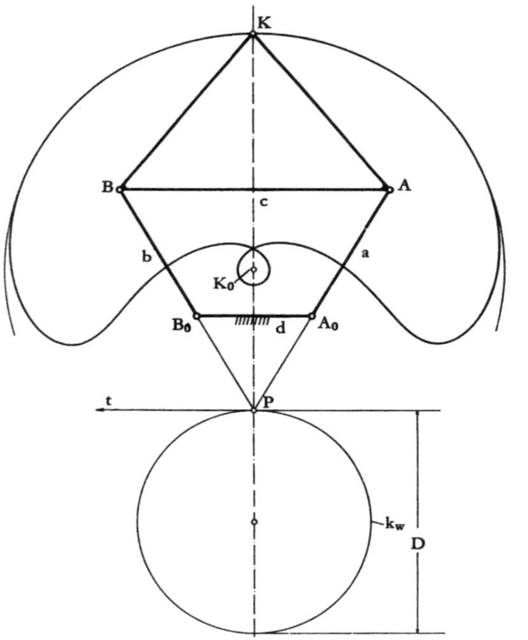

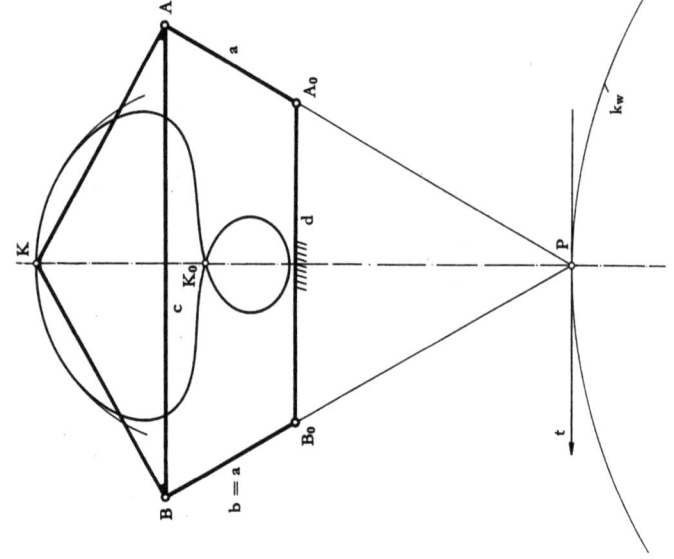

$a = b = \frac{8}{21}\sqrt{3} \cdot D;$ $c = -\frac{2}{7}\sqrt{3} \cdot D;$ $d = -\frac{2}{7}\sqrt{3} \cdot D,$
$Q = -\frac{3}{4};$ $\varphi = 60°;$ $\lambda = -1;$ $\mu = -1{,}707;$
$v = \frac{1}{3}\sqrt{2} \cdot D;$ $\rho = 1{,}071 \cdot D;$

Abb. 24 Doppelkurbel mit sechspunktig berührendem Krummungskreis der Koppelkurve.
$Q = -\frac{3}{4}, \lambda = -1, \varphi = 60°.$
Kurbel $a = b = \frac{8}{21}\sqrt{3}\,D$, Koppel $c = -\frac{2}{7}\sqrt{3}\,D$,
Steg $d = -\frac{2}{7}\sqrt{3}\,D$, $\mu = -1{,}707$, $v = \frac{1}{3}\sqrt{2}\,D$,
$\rho = 1{,}071\,D$

$a = b = \frac{1}{12}\sqrt{3} \cdot D;$ $c = -\frac{1}{8}\sqrt{3} \cdot D;$ $d = -\frac{1}{6}\sqrt{3} \cdot D;$
$Q = -2;$ $\lambda = -\frac{3}{8};$ $\mu = -0{,}5;$ $\rho = 0{,}166 \cdot D;$
$\varphi = 60°;$ $v = 0{,}125 \cdot D;$

Abb. 25 Doppelschwinge mit sechspunktig berührendem Krummungskreis der Koppelkurve.
$Q = -2, \lambda = -\frac{3}{8}, \varphi = 60°.$
Schwinge $a = b = \frac{1}{12}\sqrt{3}\,D$, Koppel $c = -\frac{1}{8}\sqrt{3}\,D$,
Steg $d = -\frac{1}{6}\sqrt{3}\,D$, $\mu = -0{,}5$, $v = 0{,}125\,D$,
$\rho = 0{,}166\,D$

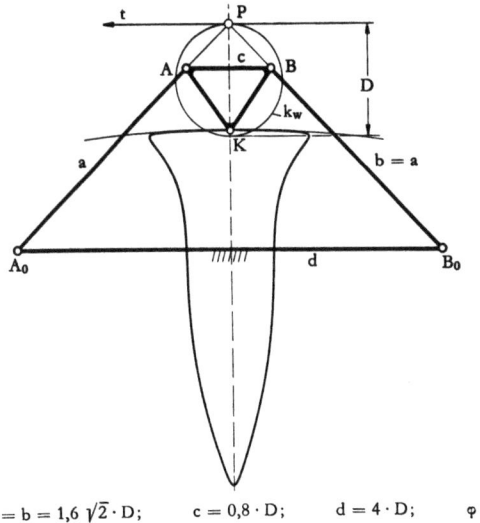

$a = b = 1{,}6\sqrt{2} \cdot D;\quad c = 0{,}8 \cdot D;\quad d = 4 \cdot D;\quad \varphi = 45°;$
$Q = 1{,}25;\quad \lambda = 0{,}4;\quad v = -0{,}5393 \cdot D;\quad \rho = 14{,}53 \cdot D;$

Abb. 26 Doppelschwinge mit sechspunktig berührendem Krümmungskreis der Koppelkurve.
$Q = \tfrac{5}{4}$, $\lambda = 0{,}4$, $\varphi = 45°$.
Schwinge $a = b = 1{,}6\sqrt{2}\,D$, Koppel $c = 0{,}8\,D$,
Steg $d = 4\,D$, $\mu = 0{,}9393$, $v = 0{,}5393\,D$, $\rho = 14{,}53\,D$

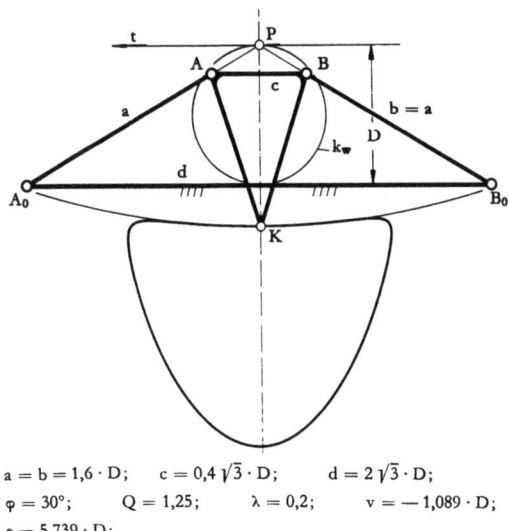

$a = b = 1{,}6 \cdot D;\quad c = 0{,}4\sqrt{3} \cdot D;\quad d = 2\sqrt{3} \cdot D;$
$\varphi = 30°;\quad Q = 1{,}25;\quad \lambda = 0{,}2;\quad v = -1{,}089 \cdot D;$
$\rho = 5{,}739 \cdot D;$

Abb. 27 Doppelschwinge mit sechspunktig berührendem Krümmungskreis der Koppelkurve.
$Q = \tfrac{5}{4}$, $\lambda = 0{,}2$, $\varphi = 30°$.
Schwinge $a = b = 1{,}6\,D$, Koppel $c = 0{,}4\sqrt{3}\,D$,
Steg $d = 2\sqrt{3}\,D$, $\mu = 1{,}289$, $v = -1{,}089\,D$, $\rho = -5{,}739\,D$

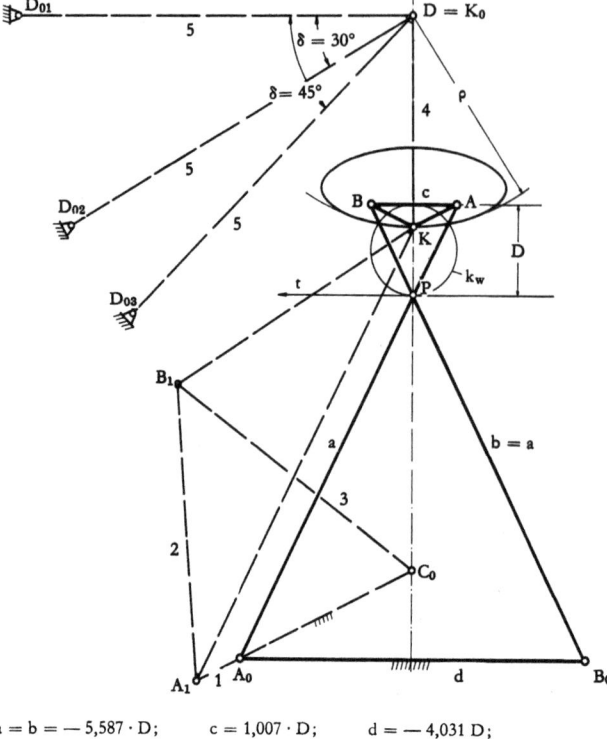

$a = b = -5{,}587 \cdot D;$ $c = 1{,}007 \cdot D;$ $d = -4{,}031\, D;$
$Q = 0{,}8;$ $\lambda = 1;$ $v = 0{,}245\, D;$ $\varphi = 63{,}2°;$ $\rho = 2{,}329\, D;$
$\overline{D_0 D} = 2\,\overline{K_0 K} = 2\, \rho$

Abb. 28 Doppelschwinge in der Überkreuzlage mit sechspunktig berührendem Krümmungskreis der Koppelkurve.
$Q = 0{,}8,\ \lambda = 1,\ \varphi = 63{,}2°$.
Schwinge $a = b = -\,5{,}587\, D$, Koppel $c = 1{,}007\, D$,
Steg $d = -\,4{,}031\, D$, $\mu = 0{,}755$, $v = 0{,}245\, D$, $\rho = 2{,}329\, D$

Umwandlung nach ROBERTS:

Kurbel $A_0 A_1$, Koppel $A_1 B_1 =$ Schwinge $B_1 C_0$, Steg $A_0 C_0$.
Der im Koppelpunkt K angeschlossene Zweischlag KDD_0 ($D_0 \equiv K_0$) mit verschiedenen Stellungen des Abtriebsgliedes DD_0 weist eine Rast auf

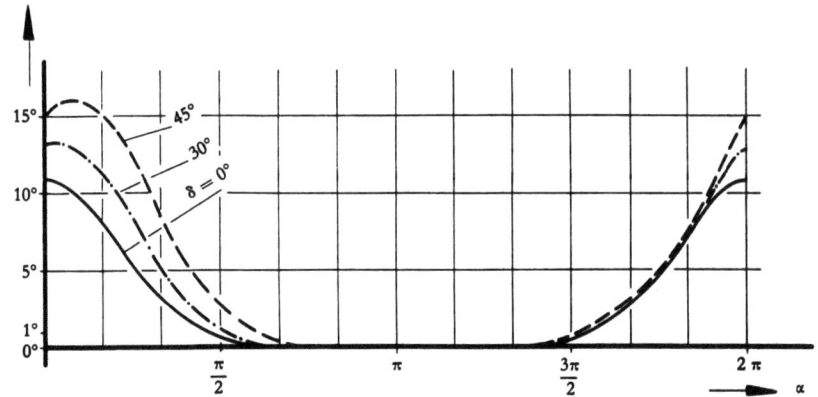

Abb. 29 Bewegungsgesetz des Gliedes DD_0 in Abb. 28 für die drei verschiedenen Anlenkpunkte dieses Gliedes

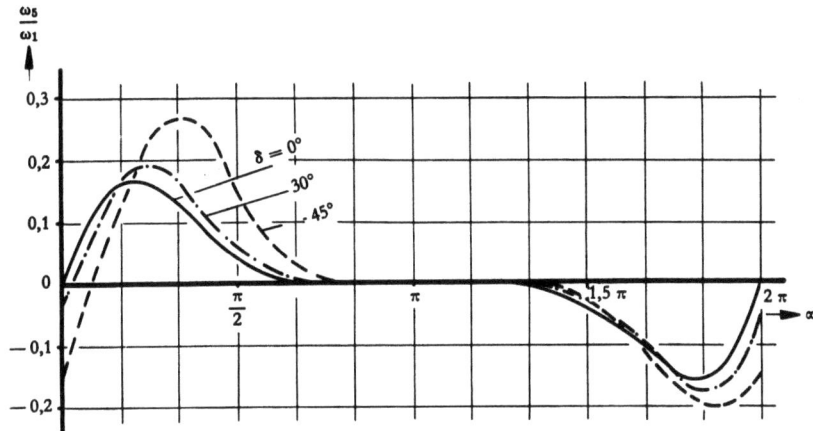

Abb. 30 Bezogene Winkelgeschwindigkeit ω_{50}/ω_{10} des Abtriebsgliedes DD_0 in Abb. 28 für die drei verschiedenen Anlenkpunkte dieses Gliedes

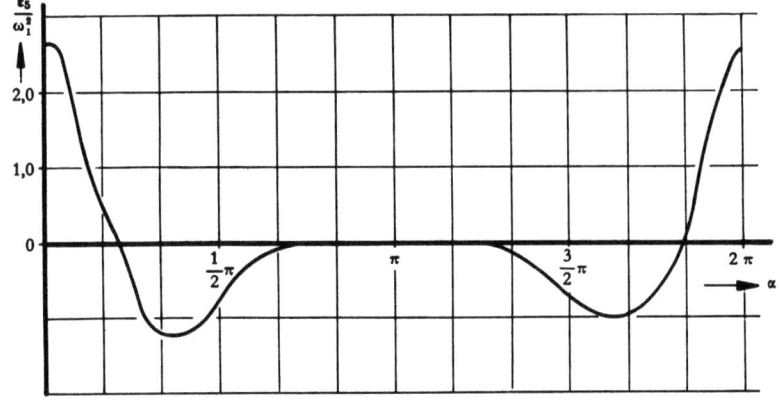

Abb. 31 Bezogene Winkelbeschleunigung ε_5/ω_1^2 des Abtriebsgliedes DD_0 für $\delta = 0$

6.2 Beispiele

Die Abb. 21–25 zeigen für konstanten Winkel φ und die verschiedenen Möglichkeiten der Lage des Punktes A bzw. A_0 nach Abb. 3 einige Getriebe mit sechspunktiger Berührung von Koppelkurve und Krümmungskreis der Ausgangslage. In den Abb. 26 und 27 ist dagegen der Winkel φ verändert. Der Bereich $0 < Q < \frac{1}{2}$ scheidet aus, wie bereits aus den Diagrammen 7–15 hervorgeht, da dort keine Lösungen von Gl. (34) auftreten. Zur Orientierung sind Wendekreis k_w und Polbahntangente t entsprechend Abb. 2 stets eingezeichnet. Die Auswahl der Beispiele erfolgte nicht nach der Brauchbarkeit der Koppelkurve, sie soll vielmehr einen Überblick über die sehr unterschiedlichen Formen von Getriebe und Koppelkurve geben. In Abb. 28 ist die Robertssche Umwandlung durchgeführt und ein Zweischlag KDD_0 mit verschiedener Neigung δ des Gliedes 5 angeschlossen. Die Abb. 29 zeigt über dem Kurbelwinkel α das Abtriebsgesetz des Gliedes 5, Abb. 30 dessen Winkelgeschwindigkeit und Abb. 31 dessen Winkelbeschleunigung für die Stellung $\delta = 0$. Die Rast beträgt demnach etwa 140° bei einem maximalen Ausschlag von 11° bzw. 110° bei 17° Ausschlag in der Stellung $\delta = 45°$.

Prof. Dr.-Ing. WALTHER MEYER ZUR CAPELLEN

Dipl.-Ing. PETER DANKE

Literaturverzeichnis

[1] MEYER ZUR CAPELLEN, W., Der Zykloidenlenker und seine Weiterentwicklung. Konstruktion Bd. 8 (1956), Nr. 12, S. 510–518.

[2] Ders., Konstruktion von funf- und sechspunktigen Geradfuhrungen in Sonderlagen des Gelenkvierecks. Konstruktion Bd. 9 (1957), Nr. 9, S. 344–351.

[3] Ders., Umlaufrastgetriebe. Ind.-Anzeiger Nr. 74 (1960), Bd. 82, S. 1247–1251; Nr. 8 (1961), Bd. 83, S. 103–108.

[4] Ders., Über gleichwertige periodische Getriebe. Z.: Fette-Seifen-Anstrichmittel Bd. 59 (1957), Nr. 4, S. 257–266.

[5] Ders., Bemerkungen zum Satz von Roberts über die dreifache Erzeugung der Koppelkurve. Konstruktion Bd. 8 (1956), Nr. 7, S. 268–270.

[6] BEYER, R., Kinematische Getriebesynthese. Springer Verlag, Berlin-Göttingen-Heidelberg (1953).

[7] MEYER ZUR CAPELLEN, W., Nomogramme zur Euler-Savaryschen Formel. Getriebetechnik Bd. 9 (1941), Nr. 11, S. 489–492.

[8] HAIN, K., Angewandte Getriebelehre. VDI-Verlag (1961).

[9] MEYER ZUR CAPELLEN, W., Die Abbildung durch die Euler-Savarysche Formel. Z. angew. Math. Mech. Bd. 17 (1937), Nr. 5, S. 288–295.

[10] Ders. und Mitarbeiter, Bewegungsverhältnisse an gleichschenkligen Kurbeltrieben. Forschungsbericht des Landes Nordrhein-Westfalen Nr. 1006 (1962).

[11] Ders. und K.-A. RISCHEN, Symmetrische Koppelkurven und ihre Anwendungen. Forschungsbericht des Landes Nordrhein-Westfalen Nr. 1066 (1962).

[12] Ders. und B. JANSSEN, Spezielle Koppelkurvenrast- und Schaltgetriebe. Forschungsbericht des Landes Nordrhein-Westfalen. Erscheint demnächst.

Tab. 2 Lösungen der Gl. (34) im 1. Quadranten von Abb. 6

$\lambda = 0,1$

μ	$\sin \varphi_1$	Q_1	$\sin \varphi_2$	Q_2
0,1	1,0	10,0	0,54772	3,0
0,2	0,80309	6,44949	0,39377	1,55051
0,3	0,71734	5,14572	0,34462	1,18761
0,4	0,66675	4,44558	0,32471	1,05441
0,5	0,63246	4,0	0,31623	1,0
0,6	0,60723	3,68734	0,31294	0,97933
0,7	0,58767	3,45353	0,31226	0,97505
0,8	0,57510	3,27064	0,31295	0,97936
0,9	0,55882	3,12274	0,31438	0,98837
1,0	0,54772	3,0	0,31623	1,0
1,1	0,53815	2,89601	0,31829	1,01308
1,2	0,52976	2,80642	0,32045	1,02591
1,3	0,52232	2,72814	0,32266	1,04109
1,4	0,51565	2,65893	0,32486	1,05536
1,5	0,50962	2,59710	0,32704	1,06957

$\lambda = 0,3$

μ	$\sin \varphi_1$	Q_1	$\sin \varphi_2$	Q_2
0,2	–	–	0,74799	1,86496
0,3	1,0	3,33333	0,63246	1,33333
0,4	0,90409	2,72461	0,57673	1,10872
0,5	0,83666	2,33333	0,54772	1,0
0,6	0,78475	2,05277	0,53307	0,94723
0,7	0,74200	1,83521	0,52727	0,92670
0,8	0,70461	1,65491	0,52776	0,92843
0,9	0,66956	1,49439	0,53387	0,95066
1,0	0,63246	1,33333	0,54772	1,0

$\lambda = 0,2$

μ	$\sin \varphi_1$	Q_1	$\sin \varphi_2$	Q_2
0,1	–	–	–	–
0,2	1,0	5,0	0,59161	1,75000
0,3	0,78249	3,80617	0,50540	1,27717
0,4	0,79540	3,16333	0,46619	1,08667
0,5	0,74162	2,75	0,44721	1,0
0,6	0,70069	2,45485	0,43859	0,96181
0,7	0,66759	2,22842	0,43593	0,95016
0,8	0,63951	2,04486	0,43707	0,95514
0,9	0,61464	1,88889	0,44096	0,97222
1,0	0,59161	1,75	0,44721	1,0
1,1	0,56904	1,61904	0,45608	1,04005
1,2	0,54454	1,48261	0,46920	1,10073

$\lambda = 0,4$

μ	$\sin \varphi_1$	Q_1	$\sin \varphi_2$	Q_2
0,2	–	–	0,74107	1,37297
0,3	–	–	0,67082	1,125
0,4	1,0	2,5	0,63246	1,0
0,5	0,92195	2,125	0,61160	0,93514
0,6	0,86175	1,85653	0,60184	0,90552
0,7	0,81192	1,64805	0,60036	0,90109
0,8	0,76783	1,47391	0,60713	0,92151
0,9	0,72515	1,31460	0,60713	0,92151
1,0	0,67082	1,125	0,63246	1,0

Tab. 2 (Fortsetzung)

$\lambda = 0.5$

μ	sin φ₁	Q₁	sin φ₂	Q₂
0,2	–	–	1,0	2,0
0,3	–	–	0,83753	1,40290
0,4	–	–	0,75420	1,13763
0,5	1,0	2,0	0,70711	1,0
0,6	0,93316	1,74158	0,68010	0,92509
0,7	0,87796	1,54161	0,66594	0,88696
0,8	0,82916	1,375	0,66144	0,875
0,9	0,78174	1,22222	0,66667	0,88889
1,0	0,70711	1,0	0,70711	1,0

$\lambda = 0.7$

μ	sin φ₁	Q₁	sin φ₂	Q₂
0,4	–	–	0,89960	1,15612
0,5	–	–	0,83666	1,0
0,6	–	–	0,79793	0,90956
0,7	1,0	1,42857	0,77460	0,85714
0,8	0,94532	1,27661	0,76248	0,83054
0,9	0,89412	1,14206	0,76048	0,82619
1,0	0,83666	1,0	0,77460	0,85714

$\lambda = 0.9$

μ	sin φ₁	Q₁	sin φ₂	Q₂
0,5	–	–	0,94868	1,0
0,6	–	–	0,89914	0,89828
0,7	–	–	0,86694	0,83509
0,8	–	–	0,84690	0,79694
0,9	1,0	1,11111	0,83666	0,77778
1,0	0,94868	1,0	0,83667	0,77778
1,1	–	–	–	–

$\lambda = 0.6$

μ	sin φ₁	Q₁	sin φ₂	Q₂
0,2	–	–	–	–
0,3	–	–	0,92516	1,42654
0,4	–	–	0,82986	1,14777
0,5	–	–	0,77460	1,0
0,6	1,0	1,66667	0,74162	0,91667
0,7	0,94053	1,47432	0,72288	0,87092
0,8	0,88837	1,31532	0,71471	0,85134
0,9	0,83844	1,17164	0,71672	0,85614
1,0	0,77460	1,0	0,74162	0,91667

$\lambda = 0.8$

μ	sin φ₁	Q₁	sin φ₂	Q₂
0,4	–	–	0,96463	1,16313
0,5	–	–	0,89443	1,0
0,6	–	–	0,85017	0,90349
0,7	–	–	0,82234	0,84530
0,8	1,0	1,25	0,80623	0,81250
0,9	0,94806	1,12352	0,80005	0,80010
1,0	0,89443	1,0	0,80623	0,81250

$\lambda = 1.0$

μ	sin φ₁	Q₁	sin φ₂	Q₂
0,5	–	–	1,0	1,0
0,6	–	–	0,94539	0,89376
0,7	–	–	0,90897	0,82623
0,8	–	–	0,88151	0,78349
0,9	–	–	0,87107	0,75876
1,0	1,0	1,0	0,86603	0,75
1,1	0,94595	0,89482	0,87422	0,76427

Tab. 2 (Fortsetzung)

$\lambda = 1,1$

μ	sin φ₁	Q₁	sin φ₂	Q₂
0,6	–	–	0,98933	0,88980
0,7	–	–	0,94887	0,81851
0,8	–	–	0,92142	0,77183
0,9	–	–	0,90374	0,74250
1,0	–	–	0,89443	0,72727
1,1	1,0	0,90909	0,89443	0,72727
1,2	–	–	–	–

$\lambda = 1,3$

μ	sin φ₁	Q₁	sin φ₂	Q₂
0,8	–	–	0,98922	0,75273
0,9	–	–	0,96503	0,71637
1,0	–	–	0,94868	0,69231
1,1	–	–	0,93919	0,67852
1,2	–	–	0,93702	0,67540
1,3	1,0	0,76923	0,94868	0,69231
1,4	–	–	–	–

$\lambda = 1,5$

μ	sin φ₁	Q₁	sin φ₂	Q₂
1,0	–	–	1,0	0,66667
1,1	–	–	0,98418	0,64574
1,2	–	–	0,97377	0,63215
1,3	–	–	0,96863	0,62550
1,4	–	–	0,97017	0,62748
1,5	1,0	0,66667	1,0	0,66667
1,6	–	–	–	–

$\lambda = 1,7$

μ	sin φ₁	Q₁	sin φ₂	Q₂
1,4	–	–	0,99298	0,58001
1,5	–	–	0,98905	0,57743
1,6	–	–	0,98980	0,57629
1,7	–	–	1,0	0,58824
1,8	–	–	–	–

$\lambda = 1,2$

μ	sin φ₁	Q₁	sin φ₂	Q₂
0,6	–	–	–	–
0,7	–	–	0,98659	0,81172
0,8	–	–	0,95603	0,76166
0,9	–	–	0,93449	0,72850
1,0	–	–	0,92195	0,70833
1,1	–	–	0,91658	0,70010
1,2	1,0	0,83333	0,92195	0,70833

$\lambda = 1,4$

μ	sin φ₁	Q₁	sin φ₂	Q₂
0,8	–	–	–	0,70577
0,9	–	–	0,99402	0,67857
1,0	–	–	0,97468	0,66074
1,1	–	–	0,96179	0,65132
1,2	–	–	0,95491	0,65162
1,3	–	–	0,95513	0,67857
1,4	1,0	0,71429	0,97468	

$\lambda = 1,6$

μ	sin φ₁	Q₁	sin φ₂	Q₂
1,0	–	–	–	–
1,1	–	–	0,99298	0,61626
1,2	–	–	0,98423	0,60545
1,3	–	–	0,98004	0,60030
1,4	–	–	0,98167	0,60230
1,5	–	–	1,0	0,625
1,6	–	–		

$\lambda = 1,8$

μ	sin φ₁	Q₁	sin φ₂	Q₂
1,4	–	–	–	0,55555
1,5	–	–	1,0	0,55096
1,6	–	–	0,99585	0,55027
1,7	–	–	0,99523	0,55555
1,8	–	–	1,0	

Tab. 3 Lösungen der Gl. (34) im 2. Quadranten von Abb. 6

μ	λ = −0,1		λ = −0,2		λ = −0,3		λ = −0,4		λ = −0,5	
	sin φ₁	Q₁	sin φ₁	Q₁	sin φ₁	Q₁	sin φ₁	Q₁	sin φ₁	Q₁
0,4	0,19036	—0,36237	—	—	—	—	—	—	—	—
0,5	0,31623	—1,0	—	—	—	—	—	—	—	—
0,6	0,36836	—1,35690	0,16272	—0,13240	—	—	—	—	—	—
0,7	0,39938	—1,59502	0,27064	—0,36624	—	—	—	—	—	—
0,8	0,42035	—1,76694	0,32577	—0,53062	0,19365	—	—	—	—	—
0,9	0,43559	—1,89741	0,36161	—0,65382	0,26950	—0,24210	0,12277	—0,03768	—	—
1,0	0,44721	—2,0	0,38730	—0,75	0,31623	—0,33333	0,22361	—0,125	—	—
1,1	0,45638	—2,08287	0,40678	—0,82734	0,34926	—0,40662	0,27920	—0,19516	0,18397	—0,06769
1,2	0,46381	—2,15124	0,42213	—0,89096	0,37424	—0,46686	0,31804	—0,25287	0,24839	—0,12340
1,3	0,46996	—2,20864	0,43457	—0,94425	0,39394	—0,51731	0,34710	—0,30120	0,29162	—0,17088
1,4	0,47513	—2,25752	0,44487	—0,98955	0,40995	—0,56018	0,37003	—0,34230	0,32389	—0,20890
1,5	0,47955	—2,29965	0,45355	—1,02856	0,42324	—0,95710	0,38868	—0,37768	0,34930	—0,24402
1,6	0,48336	—2,33636	0,46098	—1,06250	0,43447	—0,62921	0,40422	—0,40848	0,37000	—0,27380
1,7	0,48668	—2,36863	0,46740	—1,09231	0,44410	—0,65741	0,41739	—0,43553	0,38728	—0,29997
1,8	0,48961	—2,39720	0,47301	—1,11869	0,45245	—0,68238	0,42871	—0,45948	0,40196	—0,32315
1,9	0,49221	—2,42270	0,47796	—1,14222	0,45977	—0,70464	0,43856	—0,48084	0,41462	—0,34382
2,0	0,49453	—2,44558	0,48235	—1,16333	0,46624	—0,72461	0,44721	—0,5	0,42566	—0,36237
2,1	0,49661	—2,46624	0,48629	—1,18237	0,47201	—0,74263	0,45488	—0,51729	0,34538	—0,37912
2,2	0,49850	—2,48498	0,48983	—1,19965	0,47717	—0,75898	0,46173	—0,53298	0,44402	—0,39431
2,3	0,50021	—2,50206	0,49303	—1,21538	0,48183	—0,77387	0,46788	—0,54722	0,45175	—0,40815

Tab. 3 (Fortsetzung)

	$\lambda = -0{,}6$		$\lambda = -0{,}7$		$\lambda = -0{,}8$		$\lambda = -0{,}9$		$\lambda = -1{,}0$	
μ	$\sin \varphi_1$	Q_1	$\sin \varphi_1$	Q_1	$\sin \varphi_1$	Q_1	$\sin \varphi_1$	Q_1	$\sin \varphi_1$	Q_1
1,3	0,22154	—0,08180	0,11279	—0,01817	—	—	—	—	—	—
1,4	0,26879	—0,12041	0,19778	—0,05588	0,07493	—0,00702	—	—	—	—
1,5	0,30367	—0,15369	0,24874	—0,08839	0,17636	—0,03888	—	—	—	—
1,6	0,33106	—0,18267	0,28583	—0,11671	0,23091	—0,06665	0,15676	—0,02730	—	—
1,7	0,35339	—0,20814	0,31484	—0,14161	0,26991	—0,09107	0,21488	—0,05131	0,13845	—0,01917
1,8	0,37205	—0,23070	0,33848	—0,16367	0,30028	—0,11271	0,25560	—0,07259	0,20036	—0,04014
1,9	0,38794	—0,25083	0,35825	—0,18335	0,32499	—0,13202	0,28711	—0,09519	0,24264	—0,05857
2,0	0,40167	—0,26890	0,37512	—0,20103	0,34568	—0,14937	0,31271	—0,10865	0,27513	—0,07569
2,1	0,41368	—0,28521	0,38973	—0,21698	0,36335	—0,16503	0,33415	—0,12407	0,30148	—0,09089
2,2	0,42427	—0,30001	0,40250	—0,23146	0,37868	—0,17924	0,35249	—0,13805	0,32354	—0,10468
2,3	0,43371	—0,31350	0,41384	—0,24466	0,39212	—0,19220	0,36841	—0,15081	0,34243	—0,11726

	$\lambda = -1{,}1$		$\lambda = -1{,}2$		$\lambda = -1{,}3$		$\lambda = -1{,}4$		$\lambda = -1{,}5$	
μ	$\sin \varphi_1$	Q_1	$\sin \varphi_1$	Q_1	$\sin \varphi_1$	Q_1	$\sin \varphi_1$	Q_1	$\sin \varphi_1$	Q_1
1,8	0,12112	—0,01334	—	—	—	—	—	—	—	—
1,9	0,18710	—0,03182	0,10433	—0,00907	—	—	—	—	—	—
2,0	0,23082	—0,04843	0,17491	—0,02549	0,08765	—0,00591	—	—	—	—
2,1	0,26417	—0,06344	0,22000	—0,04033	0,16364	—0,02060	0,07038	—0,00354	—	—
2,2	0,29115	—0,07706	0,25410	—0,05380	0,21004	—0,03394	0,15316	—0,01676	0,05115	—0,00174
2,3	0,31374	—0,08948	0,28162	—0,06609	0,24481	—0,04610	0,20083	—0,02881	0,14336	—0,01370

Tab. 4   Lösungen der Gl. (34) im 3.Quadranten von Abb. 6

	$\lambda = -0{,}1$		$\lambda = -0{,}2$		$\lambda = -0{,}3$	
μ	$\sin \varphi_2$	Q_2	$\sin \varphi_2$	Q_2	$\sin \varphi_2$	Q_2
−0,1	0,44721	−2,0	0,72261	−2,61083	0,93665	−2,92440
−0,2	0,19429	−0,37750	0,38730	−0,75	0,53406	−0,95073
−0,3	−	−	0,18853	−0,17781	0,31623	−0,33333
−0,4	−	−	−	−	0,10572	−0,03725

μ	$\sin \varphi_1$	Q_1	$\sin \varphi_1$	Q_1	$\sin \varphi_1$	Q_1
−0,1	1,0	−10,0	−	−	−	−
−0,2	0,81379	−6,62250	1,0	−5,0		
−0,3	0,73726	−5,43554	0,88380	−3,90552	1,0	−3,33333
−0,4	0,69454	−4,82391	0,81774	−3,34347	0,91587	−2,79608
−0,5	0,66704	−4,44949	0,77460	−3,0	0,86053	−2,46836
−0,6	0,64778	−4,19624	0,74403	−2,76791	0,82108	−2,24722
−0,7	0,63351	−4,01335	0,72117	−2,60041	0,79141	−2,08775
−0,8	0,62249	−3,875	0,70338	−2,47373	0,76822	−1,96723
−0,9	0,61373	−3,76664	0,68913	−2,37453	0,74958	−1,87291
−1,0	0,60658	−3,67945	0,67747	−2,29473	0,73425	−1,79705
−1,1	0,60065	−3,60777	0,66770	−2,22911	0,72140	−1,73472
−1,2	0,59563	−3,54779	0,65943	−2,17422	0,71047	−1,68258
−1,3	0,59134	−3,49685	0,65232	−2,12760	0,70107	−1,63831
−1,4	0,58763	−3,45306	0,64615	−2,08752	0,69288	−1,60025
−1,5	0,58438	−3,41500	0,64073	−2,05269	0,68568	−1,56719
−1,6	0,58152	−3,38162	0,63595	−2,02213	0,67931	−1,53819
−1,7	0,57897	−3,35210	0,63168	−1,99512	0,67362	−1,51255
−1,8	0,57670	−3,32581	0,62786	−1,97105	0,66852	−1,48972
−1,9	0,57465	−3,30255	0,62442	−1,94948	0,66391	−1,46925
−2,0	0,57280	−3,28101	0,62130	−1,93034	0,65973	−1,45081

	$\lambda = -0{,}4$		$\lambda = -0{,}5$		$\lambda = -0{,}6$	
μ	$\sin \varphi_2$	Q_2	$\sin \varphi_2$	Q_2	$\sin \varphi_2$	Q_2
−0,2	0,65792	−1,08216	0,76718	−1,17712	0,86603	−1,25
−0,3	0,41793	−0,43666	0,50595	−0,51197	0,58485	−0,57008
−0,4	0,22361	−0,125	0,30768	−0,18934	0,37883	−0,23919
−0,5	−	−	0,0	−0,0	0,16342	−0,04451

Tab. 4 (Fortsetzung)

μ	$\lambda = -0{,}4$		$\lambda = -0{,}5$		$\lambda = -0{,}6$	
	$\sin \varphi_1$	Q_1	$\sin \varphi_1$	Q_1	$\sin \varphi_1$	Q_1
— 0,4	1,0	— 2,5	–	–	–	–
— 0,5	0,93430	— 2,18228	1,0	— 2,0	–	–
— 0,6	0,88726	— 1,96809	0,94625	— 1,79076	1,0	— 1,66667
— 0,7	0,85177	— 1,81377	0,90557	— 1,64011	0,95461	— 1,51880
— 0,8	0,82395	— 1,69722	0,87361	— 1,52639	0,91888	— 1,40724
— 0,9	0,80151	— 1,60605	0,84778	— 1,43747	0,88996	— 1,32004
— 1,0	0,78301	— 1,53276	0,82645	— 1,36603	0,86603	— 1,25
— 1,1	0,76748	— 1,47255	0,80850	— 1,30735	0,84587	— 1,19249
— 1,2	0,75754	— 1,44221	0,79319	— 1,25829	0,82865	— 1,14442
— 1,3	0,74283	— 1,37947	0,77996	— 1,21667	0,81375	— 1,10365
— 1,4	0,73287	— 1,34275	0,76841	— 1,18090	0,80073	— 1,06861
— 1,5	0,72411	— 1,31084	0,75823	— 1,14983	0,78925	— 1,03819
— 1,6	0,71634	— 1,28286	0,74920	— 1,12259	0,77904	— 1,01152
— 1,7	0,70940	— 1,25813	0,74112	— 1,09852	0,76991	— 0,98795
— 1,8	0,70317	— 1,23611	0,73385	— 1,07708	0,76169	— 0,96696
— 1,9	0,69753	— 1,21638	0,72728	— 1,05788	0,75425	— 0,94816
— 2,0	0,69241	— 1,19859	0,72131	— 1,04057	0,74748	— 0,93132

μ	$\lambda = -0{,}7$		$\lambda = -0{,}8$		$\lambda = -0{,}9$	
	$\sin \varphi_2$	Q_2	$\sin \varphi_2$	Q_2	$\sin \varphi_2$	Q_2
— 0,2	0,95696	— 1,30826	–	–	–	–
— 0,3	0,65705	— 0,61673	0,72401	— 0,65524	0,78675	— 0,68775
— 0,4	0,44217	— 0,27931	0,5	— 0,31256	0,55362	— 0,34055
— 0,5	0,23724	— 0,08040	0,29684	— 0,11014	0,34895	— 0,13530

μ	$\sin \varphi_1$	Q_1	$\sin \varphi_1$	Q_1	$\sin \varphi_1$	Q_1
— 0,7	1,0	— 1,42857	–	–	–	–
— 0,8	0,96078	— 1,31872	1,0	— 1,25	–	–
— 0,9	0,92899	— 1,23290	0,96552	— 1,16530	1,0	— 1,11111
— 1,0	0,90265	— 1,16397	0,93693	— 1,09729	0,96927	— 1,04388
— 1,1	0,88044	— 1,10740	0,91279	— 1,04148	0,94331	— 0,98871
— 1,2	0,86144	— 1,06012	0,89212	— 0,99485	0,92107	— 0,94263
— 1,3	0,84499	— 1,02002	0,87421	— 0,95531	0,90177	— 0,90355
— 1,4	0,83060	— 0,98557	0,85853	— 0,92134	0,88487	— 0,86999
— 1,5	0,81790	— 0,95566	0,84468	— 0,89185	0,86993	— 0,84086
— 1,6	0,80660	— 0,92944	0,83235	— 0,86601	0,85662	— 0,81533
— 1,7	0,79649	— 0,90627	0,82130	— 0,84317	0,84469	— 0,79278
— 1,8	0,78737	— 0,88565	0,81134	— 0,82285	0,83393	— 0,77271
— 1,9	0,77912	— 0,86718	0,80232	— 0,80464	0,82417	— 0,75473
— 2,0	0,77160	— 0,85053	0,79410	— 0,78824	0,81528	— 0,73853

Tab. 4 (Fortsetzung)

	$\lambda = -1,0$		$\lambda = -1,1$		$\lambda = -1,2$	
μ	$\sin \varphi_2$	Q_2	$\sin \varphi_2$	Q_2	$\sin \varphi_2$	Q_2
$-0,3$	0,84597	$-0,71566$	0,90219	$-0,73995$	0,95583	$-0,76134$
$-0,4$	0,60387	$-0,36465$	0,65132	$-0,38565$	0,69641	$-0,40415$
$-0,5$	0,39614	$-0,15693$	0,43973	$-0,17578$	0,48050	$-0,19240$
$-0,6$	0,14142	$-0,01989$	0,20236	$-0,03723$	0,25107	$-0,05251$

μ	$\sin \varphi_1$	Q_1	$\sin \varphi_1$	Q_1	$\sin \varphi_1$	Q_1
$-1,0$	1,0	$-1,0$	–	–	–	–
$-1,1$	0,97231	$-0,94539$	1,0	$-0,90909$	–	–
$-1,2$	0,94856	$-0,89977$	0,97482	$-0,86388$	1,0	$-0,83333$
$-1,3$	0,92795	$-0,86110$	0,95295	$-0,82556$	0,97692	$-0,79531$
$-1,4$	0,90988	$-0,82789$	0,93376	$-0,79265$	0,95667	$-0,76268$
$-1,5$	0,89390	$-0,79906$	0,91679	$-0,76409$	0,93873	$-0,73435$
$-1,6$	0,87966	$-0,77380$	0,90165	$-0,73907$	0,92274	$-0,70953$
$-1,7$	0,86688	$-0,75149$	0,88806	$-0,71696$	0,90837	$-0,68761$
$-1,8$	0,85535	$-0,73163$	0,87580	$-0,69730$	0,89539	$-0,66811$
$-1,9$	0,84489	$-0,71384$	0,86466	$-0,67967$	0,88361	$-0,65064$
$-2,0$	0,83536	$-0,69782$	0,85451	$-0,66381$	0,87286	$-0,63491$

	$\lambda = -1,3$		$\lambda = -1,4$		$\lambda = -1,5$	
μ	$\sin \varphi_2$	Q_2	$\sin \varphi_2$	Q_2	$\sin \varphi_2$	Q_2
$-0,4$	0,73945	$-0,42061$	0,78071	$-0,43536$	0,82038	$-0,44689$
$-0,5$	0,51898	$-0,20718$	0,55553	$-0,22044$	0,59043	$-0,23241$
$-0,6$	0,29316	$-0,06611$	0,33110	$-0,07830$	0,36603	$-0,08932$

μ	$\sin \varphi_1$	Q_1	$\sin \varphi_1$	Q_1	$\sin \varphi_1$	Q_1
$-1,3$	1,0	$-0,76923$	–	–	–	–
$-1,4$	0,97871	$-0,73683$	1,0	$-0,71429$	–	–
$-1,5$	0,95986	$-0,70871$	0,98025	$-0,68635$	1,0	$-0,66667$
$-1,6$	0,94303	$-0,68408$	0,96262	$-0,66189$	0,98159	$-0,64235$
$-1,7$	0,92791	$-0,66232$	0,94678	$-0,64028$	0,96504	$-0,62087$
$-1,8$	0,91425	$-0,64296$	0,93246	$-0,62105$	0,95008	$-0,60176$
$-1,9$	0,90184	$-0,62563$	0,91944	$-0,60383$	0,93647	$-0,58466$
$-2,0$	0,89052	$-0,61001$	0,90756	$-0,58833$	0,92405	$-0,56925$

FORSCHUNGSBERICHTE
DES LANDES NORDRHEIN-WESTFALEN

Herausgegeben im Auftrage des Ministerpräsidenten Dr. Franz Meyers
von Staatssekretär Prof. Dr. h. c. Dr.-Ing. E. h. Leo Brandt

MASCHINENBAU

HEFT 45
Losenhausenwerk Düsseldorfer Maschinenbau AG, Düsseldorf
Untersuchungen von storenden Einflussen auf die Lastgrenzenanzeige von Dauerschwingprufmaschinen
1953. 24 Seiten, 11 Abb., 3 Tabellen. DM 7,25

HEFT 100
Prof. Dr.-Ing. Herwart Opitz, Aachen
Untersuchungen von elektrischen Antrieben, Steuerungen und Regelungen an Werkzeugmaschinen
1955. 151 Seiten, 71 Abb., 3 Tabellen. DM 31,30

HEFT 136
Dipl.-Phys. P. Pilz, Remscheid
Über spezielle Probleme der Zerkleinerungstechnik von Weichstoffen
1955. 41 Seiten, 19 Abb., 2 Tabellen. DM 11,50

HEFT 147
Dr.-Ing. W. Rudisch, Unna
Untersuchung einer drehelastischen Elektromagnet-Synchronkupplung
1955. 69 Seiten, 65 Abb. DM 17,70

HEFT 183
Dr. phil. rer nat. W. Bornheim, Koln
Entwicklungsarbeiten an Flaschen- und Ampullen-Behandlungsmaschinen fur die pharmazeutische Industrie
1956. 38 Seiten, 24 Abb. DM 11,70

HEFT 212
Dipl.-Ing. Heinrich Spodig, Chemapern GmbH. Selm
Untersuchung zur Anwendung der Dauermagnete in der Technik
1955. 30 Seiten, 25 Abb. DM 9,80

HEFT 295
Prof. Dr.-Ing. Herwart Opitz und Dipl.-Ing Heinrich Axer, Laboratorium für Werkzeugmaschinen und Betriebslehre der Rhein.-Westf. Technischen Hochschule Aachen
Untersuchung und Weiterentwicklung neuartiger elektrischer Bearbeitungsverfahren
1956. 31 Seiten, 27 Abb. DM 10,30

HEFT 298
Baurat i. R. Prof. Dr.-Ing. Ernst Oehler, Aachen
Untersuchung von kritischen Drehzahlen, die durch Kreiselmomente verursacht werden
1956. 41 Seiten, 35 Abb. DM 13,15

HEFT 384
Prof. Dr.-Ing. Herwart Opitz, Dr.-Ing. Rolf Piekenbrink und Dipl.-Ing. Wolfgang Holken, Aachen
Schwingungsuntersuchungen an Werkzeugmaschinen
1958. 66 Seiten, 73 Abb. DM 20,40

HEFT 412
Prof. Dr.-Ing. Herwart Opitz, Prof. Dr.-Ing. Volker Aschoff, Dr.-Ing. Hermann Stute und Dipl.-Ing. Gottfried Stute, Rhein.-Westf. Technische Hochschule Aachen
Kennwerte und Leistungsbedarf für Werkzeugmaschinengetriebe
1958. 57 Seiten, 35 Abb. DM 17,20

HEFT 506
Oberbaurat Prof. Dr.-Ing. Walther Meyer zur Capellen, Aachen
Der Flächeninhalt von Koppelkurven. Ein Beitrag zu ihrem Formenwandel
1958. 74 Seiten, 26 Abb. DM 21,50

HEFT 533
Prof. Dr.-Ing. Herwart Opitz und Dipl.-Ing. Wolfgang Holken, Laboratorium für Werkzeugmaschinen und Betriebslehre der Rhein.-Westf. Technischen Hochschule Aachen
Untersuchung von Ratterschwingungen an Drehbanken
1958. 69 Seiten, 44 Abb., 2 Tabellen. DM 19,70

HEFT 606
Oberbau at Prof. Dr.-Ing. Walther Meyer zur Capellen, Aachen
Eine Getriebegruppe mit stationarem Geschwindigkeitsverlauf
1958. 33 Seiten, 21 Abb. DM 10,50

HEFT 631
Dr. Erich Wedekind, Krefeld
Der Einfluß der Automatisierung auf die Struktur der Maschinen- und Arbeiterzeiten am mehrstelligen Arbeitsplatz in der Textilindustrie
1958. 71 Seiten, 32 Abb., 8 Tabellen. DM 21,10

HEFT 667
Prof. Dr.-Ing. Herwart Opitz und Dipl.-Ing. Herbert de Jong, Laboratorium für Werkzeugmaschinen und Betriebslehre der Rhein.-Westf. Technischen Hochschule Aachen
Schwingungs- und Geräuschuntersuchung an ortsfesten Getrieben
1959. 32 Seiten, 28 Abb., 2 Tabellen. DM 10,30

HEFT 668
Prof. Dr.-Ing. Herwart Opitz, Dipl.-Ing. Günter Ostermann und Dipl.-Ing. Max Gappisch, Laboratorium für Werkzeugmaschinen und Betriebslehre der Rhein.-Westf. Technischen Hochschule Aachen
1958. 38 Seiten, 26 Abb. DM 12,—

HEFT 669
Prof. Dr.-Ing. Herwart Opitz, Dipl.-Ing. Hans Uhrmeister und Dipl.-Ing. Klaus Justel, Laboratorium für Werkzeugmaschinen und Betriebslehre der Rhein.-Westf. Technischen Hochschule Aachen
Aufbau und Wirkungsweise einer Magnetbandsteuerung
1958. 50 Seiten, 39 Abb. DM 15,—

HEFT 670
Prof. Dr.-Ing. Herwart Opitz und Dipl.-Ing. Wolfgang Backé, Laboratorium für Werkzeugmaschinen und Betriebslehre der Rhein.-Westf. Technischen Hochschule Aachen
Untersuchung von Kopiersteuerungen
1959. 70 Seiten, 54 Abb. DM 18,80

HEFT 671
Prof. Dr.-Ing. Herwart Opitz, Dr.-Ing. Rolf Piekenbrink und Dipl.-Ing. Kurt Honrath, Laboratorium für Werkzeugmaschinen und Betriebslehre der Rhein.-Westf. Technischen Hochschule Aachen
Untersuchungen an Werkzeugmaschinenelementen
1959. 69 Seiten, 71 Abb. DM 20,—

HEFT 672
Prof. Dr.-Ing. Herwart Opitz, Dipl.-Ing. Heinrich Heiermann und Dipl.-Ing. Bernhard Rupprecht, Laboratorium für Werkzeugmaschinen und Betriebslehre der Rhein.-Westf. Technischen Hochschule Aachen
Untersuchungen beim Innenrundschleifen
1959. 34 Seiten, 50 Abb. DM 11,50

HEFT 673
Prof. Dr.-Ing. Herwart Opitz, Dipl.-Ing. Hans Obrig und Dipl.-Ing. Karlheinz Ganser, Laboratorium für Werkzeugmaschinen und Betriebslehre der Rhein.-Westf. Technischen Hochschule Aachen
Die Bearbeitung von Werkzeugstoffen durch funkenerosives Senken
1959. 59 Seiten, 41 Abb., 1 Tabelle. DM 18,—

HEFT 676
Prof. Dr.-Ing. Walther Meyer zur Capellen, Aachen
Harmonische Analyse bei Kurbeltrieben.
I. Allgemeine Zusammenhange
1959. 38 Seiten, 10 Abb. DM 11,50

HEFT 695
Dr.-Ing. Walter Herding, München
Die Fahrdynamik und das Arbeitsspiel gleisloser Erdbaugerate als Kalkulationsgrundlage für die Bodenförderung und ihre Kosten
1960. 178 Seiten, 89 Abb., 18 Tabellen. DM 49,—

HEFT 718
Prof. Dr.-Ing. Walther Meyer zur Capellen, Lehrstuhl für Getriebelehre der Rhein.-Westf. Technischen Hochschule Aachen
Die geschrankte Kurbelschleife
I. Die Bewegungsverhältnisse
1959. 109 Seiten, 54 Abb. DM 29,20

HEFT 764
Prof. Dr.-Ing. Herwart Opitz, Dr.-Ing. Henning Siebel und Dipl.-Ing. Reinhard Fleck, Laboratorium für Werkzeugmaschinen und Betriebslehre der Rhein.-Westf. Technischen Hochschule Aachen
Keramische Schneidstoffe
1959. 30 Seiten, 18 Abb. DM 9,80

HEFT 772
Prof. Dr.-Ing. Walther Meyer zur Capellen, Lehrstuhl für Getriebelehre der Rhein.-Westf. Technischen Hochschule Aachen
Nomogramme zur geneigten Sinuslinie
1959. 27 Seiten, 11 Abb. DM 8,50

HEFT 775
Prof. Dr.-Ing. Herwart Opitz und Dr.-Ing. Janez Peklenik, Laboratorium für Werkzeugmaschinen und Betriebslehre der Rhein.-Westf. Technischen Hochschule Aachen
Über den Aufbau und das Verhalten meßgesteuerter Werkzeugmaschinen
1959. 37 Seiten, 27 Abb. DM 11,40

HEFT 777
Prof. Dr.-Ing. Herwart Opitz und Dipl.-Ing. Paul-Heinz Brammertz, Laboratorium für Werkzeugmaschinen und Betriebslehre der Rhein.-Westf. Technischen Hochschule Aachen
Werkstuckgute und Fertigkeitskosten beim Innen-Feindrehen und Außenrund-Einstechschleifen
1959. 91 Seiten, 68 Abb. DM 25,30

HEFT 788
Prof. Dr.-Ing. Herwart Opitz, Laboratorium für Werkzeugmaschinen und Betriebslehre der Rhein.-Westf. Technischen Hochschule Aachen
Der Einsatz radioaktiver Isotope bei Zerspanungsuntersuchungen
1959. 35 Seiten, 23 Abb. DM 11,30

HEFT 794
Dipl.-Ing. Reinhard Wilken, Forschungsstelle Blechverarbeitung am Institut für Werkzeugmaschinen und Umformtechnik der Technischen Hochschule Hannover
Das Biegen von Innenborden mit Stempeln
1959. 80 Seiten. DM 22,40

HEFT 801
Baurat Dipl.-Ing. Waldemar Gesell, Staatliche Ingenieurschule für Maschinenwesen, Duisburg
Ersatz von Quarzsand als Strahlmittel
1960. 66 Seiten, 12 Abb., 4 Tabellen, 17 Diagramme. DM 18,90

HEFT 803
Prof. Dr.-Ing. Walther Meyer zur Capellen und Dipl.-Ing. Erich Lenk, Lehrstuhl für Getriebelehre der Rhein.-Westf. Technischen Hochschule Aachen
Harmonische Analyse bei Kurbeltrieben II. Gleichschenklige Getriebe
1960. 69 Seiten, 15 Abb. DM 18,40

HEFT 804
Prof. Dr.-Ing. Walther Meyer zur Capellen und Dipl.-Ing. Walter Rath, Lehrstuhl für Getriebelehre der Rhein.-Westf. Technischen Hochschule Aachen
Die geschränkte Kurbelschleife II. Die Harmonische Analyse
1960. 66 Seiten, 14 Abb. DM 18,90

HEFT 806
Prof. Dr.-Ing. Herwart Opitz und Dr.-Ing. Rolf Piekenbrink, Laboratorium für Werkzeugmaschinen und Betriebslehre der Rhein.-Westf. Technischen Hochschule Aachen
Untersuchungen an Zahnradbearbeitungsmaschinen
1960. 95 Seiten, 81 Abb. DM 29,30

HEFT 809
Prof. Dr.-Ing. Herwart Opitz und Dipl.-Ing. H. H. Herold, Laboratorium für Werkzeugmaschinen und Betriebslehre der Rhein.-Westf. Technischen Hochschule Aachen
Untersuchung von elektro-mechanischen Schaltelementen
1960. 35 Seiten, 16 Abb. DM 11,—

HEFT 810
Prof. Dr.-Ing. Herwart Opitz und Dr.-Ing. Norbert Maas, Laboratorium für Werkzeugmaschinen und Betriebslehre der Rhein.-Westf. Technischen Hochschule Aachen
Das dynamische Verhalten von Lastschaltgetrieben
1960. 97 Seiten, 77 Abb. DM 29,50

HEFT 811
Prof. Dr.-Ing. Herwart Opitz, Dipl.-Ing Klaus Justel und Dipl.-Ing. H. Burklin, Forschungsinstitut für Rationalisierung der Rhein.-Westf. Technischen Hochschule Aachen
Über Weggeber für automatisch gesteuerte Arbeitsmaschinen
1960. 93 Seiten, 79 Abb. Vergriffen

HEFT 820
Prof. Dr.-Ing. Herwart Opitz, Dipl.-Ing. Helmut Rohde und Dipl.-Ing. Wilfried König, Laboratorium für Werkzeugmaschinen und Betriebslehre der Rhein.-Westf. Technischen Hochschule Aachen
Untersuchungen der Spanformung durch Spanbrecher beim Drehen mit Hartmetallwerkzeugen
1960. 46 Seiten, 41 Abb. DM 15,80

HEFT 830
Prof. Dr.-Ing. Herwart Opitz und Dipl.-Ing. Wolfgang Backé, Laboratorium für Werkzeugmaschinen und Betriebslehre der Rhein.-Westf. Technischen Hochschule Aachen
Automatisierung des Arbeitsablaufes in der spanabhebenden Fertigung. Untersuchung eines unstetigen Nachformsystems mit einem elektrohydraulischen Stellglied
1960. 43 Seiten, 39 Abb. DM 14,60

HEFT 831
Prof. Dr.-Ing. Herwart Opitz, Dr.-Ing. Hans-Günther Rohs und Dr.-Ing. Gottfried Stute, Laboratorium für Werkzeugmaschinen und Betriebslehre der Rhein.-Westf. Technischen Hochschule Aachen
Statistische Untersuchungen über die Ausnutzung von Werkzeugmaschinen in der Einzel- und Massenfertigung
1960. 38 Seiten, 32 Abb. DM 13,—

HEFT 835
Prof. Dr.-Ing. Walther Meyer zur Capellen, Lehrstuhl für Getriebelehre der Rhein.-Westf. Technischen Hochschule Aachen
Die harmonische Analyse von zykloidengesteuerten Schleifen
1961. 57 Seiten. DM 20,90

HEFT 864
Prof. Dr.-Ing. Herwart Opitz und Dr.-Ing. Gottfried Stute, Laboratorium für Werkzeugmaschinen und Betriebslehre der Rhein.-Westf. Technischen Hochschule Aachen
Funkenarbeit und Bearbeitungsergebnis bei der funkenerosiven Bearbeitung
1960. 44 Seiten, 19 Abb. DM 13,60

HEFT 873
Prof. Dr.-Ing. Walther Meyer zur Capellen und Dipl.-Ing. Walter Rath, Lehrstuhl für Getriebelehre der Rhein.-Westf. Technischen Hochschule Aachen
Kinematik der sphärischen Schubkurbel
1960. 37 Seiten, 13 Abb. DM 11,20

HEFT 887
Baurat Dipl.-Ing. Waldemar Gesell, Staatliche Ingenieurschule für Maschinenwesen, Duisburg
Arbeiten mit Preß-Formmaschinen unter Normal-Bedingungen und bei hohen spezifischen Preßdrucken
1960. 140 Seiten, 108 Abb., 11 Tabellen. DM 42,—

HEFT 898
Prof. Dr.-Ing. Herwart Opitz und Herbert de Jong, Laboratorium für Werkzeugmaschinen und Betriebslehre der Rhein.-Westf. Technischen Hochschule Aachen
Untersuchung von Zahnradgetrieben und Zahnradbearbeitungsmaschinen in Zusammenarbeit mit der Industrie
1960. 58 Seiten, 52 Abb. DM 19,20

HEFT 900
Prof. Dr.-Ing. Herwart Opitz und Dr.-Ing. Johannes Bielefeld, Laboratorium für Werkzeugmaschinen und Betriebslehre der Rhein.-Westf. Technischen Hochschule Aachen
Modellversuche an Werkzeugmaschinenelementen
1960. 73 Seiten, 55 Abb. DM 21,—

HEFT 901
Prof. Dr.-Ing. Herwart Opitz, Dr.-Ing. Johannes Bielefeld und Dipl.-Ing. Werner Kalkert, Laboratorium für Werkzeugmaschinen und Betriebslehre der Rhein.-Westf. Technischen Hochschule Aachen
Lebensdauerprüfung von Zahnradgetrieben
1960. 54 Seiten, 46 Abb. DM 17,30

HEFT 908
Dr.-Ing. Wilhelm Dettmering, Institut für Turbomaschinen der Rhein.-Westf. Technischen Hochschule Aachen
Experimentelle Untersuchungen an einer axialen Turbinenstufe
1960. 180 Seiten, 116 Abb., 13 Tabellen. DM 50,80

HEFT 914
Baurat Dipl.-Ing. Waldemar Gesell, Staatliche Ingenieurschule für Maschinenwesen, Duisburg
Zu Fragen der Strahlmittelprüfung
1961. 188 Seiten, 78 Abb. DM 49,—

HEFT 923
Prof. Dr.-Ing. Walther Meyer zur Capellen und Dipl.-Ing. Karl-Albert Rischen, Lehrstuhl für Getriebelehre der Rhein.-Westf. Technischen Hochschule Aachen
Lagenzuordnungen an ebenen Viergelenkgetrieben in analytischer Darstellung. Eine Maßsynthese
1961. 83 Seiten, 29 Abb. DM 23,20

HEFT 928
Prof. Dr.-Ing. Herwart Opitz, Dipl.-Ing. Helmut Rohde und Dipl.-Ing. Wilfried König, Laboratorium für Werkzeugmaschinen und Betriebslehre der Rhein.-Westf. Technischen Hochschule Aachen
Untersuchung des Räumvorganges
1961. 115 Seiten, 90 Abb. DM 36,10

HEFT 929
Prof. Dr.-Ing. Herwart Opitz, Dr.-Ing. Henning Siebel, Dipl.-Ing. Reinhard Fleck und Dipl.-Ing. Franz Altdorf, Laboratorium für Werkzeugmaschinen und Betriebslehre der Rhein.-Westf. Technischen Hochschule Aachen
Richtwerte für das Fräsen von unlegierten und legierten Baustahlen mit Hartmetall. – Teil III
1961. 64 Seiten, 57 Abb., 7 Tabellen. DM 21,30

HEFT 930
Prof. Dr.-Ing. Herwart Opitz und Dipl.-Ing. Rolf Umbach, Laboratorium für Werkzeugmaschinen und Betriebslehre der Rhein.-Westf. Technischen Hochschule Aachen
Modellversuch zur dynamischen Versteifung von Werkzeugmaschinen durch Ankopplung gedämpfter Hilfsmassensysteme
1961. 37 Seiten, 30 Abb. DM 13,30

HEFT 931
Dipl.-Ing. Hans-Günther Rachner, Institut für Maschinen-Gestaltung und Maschinen-Dynamik der Rhein.-Westf. Technischen Hochschule Aachen
Leiter: Prof. Dr.-Ing. K. Lürenbaum
Ein Beitrag zur Frage der Kettenradverzahnung
1961. 63 Seiten, 55 Abb., 2 Tabellen. DM 19,90

HEFT 943
Dipl.-Ing. Hans-Günther Rachner, Institut für Maschinen-Gestaltung und Maschinen-Dynamik der Rhein.-Westf. Technischen Hochschule Aachen
Leiter: Prof. Dr.-Ing. K. Lürenbaum
Die Drehschwingungen des Zweirad-Kettentriebes bei innerer Erregung
1961. 98 Seiten, 68 Abb. DM 30,—

HEFT 949
Prof. Dr.-Ing. Karl Leist †, Dipl.-Ing. Dieter Stojek und Dipl.-Ing. Manfred Potke, Institut für Turbomaschinen der Rhein.-Westf. Technischen Hochschule Aachen
Verbesserung der Wirtschaftlichkeit von Gasturbinen durch Zwischenverbrennung innerhalb der Turbine und Versuche zu ihrer Verwirklichung
1961. 80 Seiten, 40 Abb. DM 30,10

HEFT 950
Prof. Dr.-Ing. Karl Leist † und Dipl.-Ing. Oswald Thun, Institut für Turbomaschinen der Rhein.-Westf. Technischen Hochschule Aachen
Strömungsmessungen zur Ermittlung von Brennkammer-Ausbrenngraden
1961. 66 Seiten, 33 Abb., 6 Tabellen. DM 19,90

HEFT 951
Prof. Dr.-Ing. Karl Leist † und Dipl.-Ing. Oswald Thun, Institut für Turbomaschinen der Rhein.-Westf. Technischen Hochschule Aachen
Meßmethode bei Brennkammeruntersuchungen zur Ermittlung des Ausbrenngrades
1961. 63 Seiten, 10 Abb., 2 Tabellen. DM 19,20

HEFT 953
Prof. Dr.-Ing. Karl Leist † und Dipl.-Ing. Heinrich Ostenrath, Institut für Turbomaschinen der Rhein.-Westf. Technischen Hochschule Aachen
Betriebsverhalten einer Versuchsturbine kleiner Leistung
1961. 43 Seiten, 35 Abb., 2 Anlagen. DM 15,30

HEFT 955
Prof. Dr.-Ing. Herwart Opitz und Dipl.-Ing. Hans Uhrmeister, Laboratorium für Werkzeugmaschinen und Betriebslehre der Rhein.-Westf. Technischen Hochschule Aachen
Die dynamischen Eigenschaften hydraulischer Vorschubmotoren für Werkzeugmaschinen
1961. 60 Seiten, 66 Abb. DM 20,—

HEFT 977
Dr.-Ing. Gottfried Kronenberger, Institut für Baumaschinen und Baubetrieb der Rhein.-Westf. Technischen Hochschule Aachen
Leiter: Prof. Dr. Georg Garbotz
Untersuchungen über die Verdichtungswirkung und das Arbeitsverhalten eines Einmassenrüttlers auf Schotter und Kiessand zur Ermittlung der maßgeblichen Einflußgrößen bei der Rüttelverdichtung
1961. 96 Seiten, 17 Tafeln, 7 Tabellen, 36 Abb.
DM 27,70

HEFT 981
Dr.-Ing. Werner Wilhelm, Aerodynamisches Institut der Rhein.-Westf. Technischen Hochschule Aachen
Berechnung des Gaswechsels kurbelkastengespülter Zweitaktmotoren unter Berücksichtigung des Einflusses der Massenwirkung der strömenden Gassäule in den Spülkanälen
1961. 57 Seiten, 6 Abb. DM 19,20

HEFT 982
Dr.-Ing. Werner Wilhelm, Aerodynamisches Institut der Rhein.-Westf. Technischen Hochschule Aachen
Die Wirkung von Auspuffrohren mit Blenden am Rohrende sowie diffusorartiger Auspuffleistungen auf den Ladungswechsel einer Einzylinder-Zweitakt-Vergasermaschine mit Kurbelkastenspülpumpe
1961. 61 Seiten, 24 Abb., 1 Tabelle. DM 19,10

HEFT 983
Prof. Dr.-Ing. Paul Hadlatsch †, Aerodynamisches Institut der Rhein.-Westf. Technischen Hochschule Aachen
Berechnung der Druckwellen in Brennstoffeinspritzsystemen und in hydraulischen Ventilsteuerungen
1961. 107 Seiten, 31 Abb. DM 33,90

HEFT 986
Dr.-Ing. Jameel Ahmad Khan, Aerodynamisches Institut der Rhein.-Westf. Technischen Hochschule Aachen
Untersuchungen zur instationären Strömung durch unstetige Querschnittsänderungen in Druckleitungen von Einspritzsystemen
1961. 76 Seiten. DM 28,60

HEFT 987
Dr.-Ing. Wilhelm Bosch, Aerodynamisches Institut der Rhein.-Westf. Technischen Hochschule Aachen
Untersuchungen zur instationären reibenden Strömung in Druckleitungen von Einspritzsystemen
1961. 55 Seiten, 37 Abb. DM 20,—

HEFT 988
Dr.-Ing. Werner Wilhelm und Dipl.-Ing. Rudolf Jürgler, Aerodynamisches Institut der Rhein.-Westf. Technischen Hochschule Aachen
Nichtstationäre, eindimensionale und reibungsfreie Gasströmung schwach kompressibler Medien in Rohren mit einigen unstetigen Querschnittsänderungen
1961. 69 Seiten, 17 Abb. DM 21,50

HEFT 989
Dr.-Ing. Werner Wilhelm, Aerodynamisches Institut der Rhein.-Westf. Technischen Hochschule Aachen
Einfluß der Spülkanalabmessungen auf den Ladungswechsel kurbelkastengespülter Zweitakt-Motoren
1961. 99 Seiten, 37 Abb. DM 35,30

HEFT 1006
Prof. Dr.-Ing. Walther Meyer zur Capellen und Mitarbeiter, Lehrstuhl für Getriebelehre der Rhein.-Westf. Technischen Hochschule Aachen
Bewegungsverhältnisse an gleichschenkligen Kurbeltrieben
1962. 72 Seiten, 49 Abb. DM 25,—

HEFT 1007
Prof. Dr.-Ing. Dr. h. c. Herwart Opitz und Dr.-Ing. Gottfried Stute, Laboratorium für Werkzeugmaschinen und Betriebslehre der Rhein.-Westf. Technischen Hochschule Aachen
Berechnung der Funkenarbeit aus den elektrischen Daten der Arbeitskreiselemente von Funkenerosionsmaschinen
1961. 43 Seiten, 9 Abb. DM 14,80

HEFT 1008
Prof. Dr.-Ing. Dr. h. c. Herwart Opitz und Dr.-Ing. Paul-Heinz Brammertz, Laboratorium für Werkzeugmaschinen und Betriebslehre der Rhein.-Westf. Technischen Hochschule Aachen
Untersuchung der Ursachen für Form- und Maßfehler bei der Feinbearbeitung
1961. 43 Seiten, 32 Abb. DM 15,20

HEFT 1011
Prof. Dr.-Ing. Dr. h. c. Herwart Opitz, Dr.-Ing. Gunter Ostermann und Dipl.-Ing. Max Gappisch, Laboratorium für Werkzeugmaschinen und Betriebslehre der Rhein.-Westf. Technischen Hochschule Aachen
Untersuchung der Ursachen des Werkzeugverschleißes
1961. 63 Seiten, 37 Abb., 2 Tabellen. DM 23,90

HEFT 1015
Prof. Dr.-Ing. Walther Meyer zur Capellen, Lehrstuhl für Getriebelehre der Rhein.-Westf. Technischen Hochschule Aachen
Biegungs- und Lagerschwingungen in Kurbeltrieben
1962. 53 Seiten, 30 Abb., 2 Tabellen. DM 19,20

HEFT 1035
Dr.-Ing. Walter Rath, Lehrstuhl für Getriebelehre der Rhein.-Westf. Technischen Hochschule Aachen
Massenkräfte in den Lagern sphärischer Getriebe
1961. 81 Seiten, 40 Abb. DM 27,30

HEFT 1062
Dr.-Ing. Heinrich Pfeiffer, Aerodynamisches Institut der Rhein.-Westf. Technischen Hochschule Aachen Leiter · Prof. Dr.-Ing. F. Seewald
Strömungsuntersuchungen an Kreiszylindern bei hohen Geschwindigkeiten
1962. 73 Seiten, 53 Abb. DM 26,—

HEFT 1065
Baurat Dipl.-Ing. Waldemar Gesell, Staatliche Ingenieurschule für Maschinenwesen, Duisburg
Beitrag über den Einfluß von Kornform und Körnung auf die Wirkungsweise von Strahlmitteln
1962. 212 Seiten, 116 Abb., 21 Tabellen. DM 49,—

HEFT 1066
Prof. Dr.-Ing. Walther Meyer zur Capellen und Dipl.-Ing. Karl-Albert Rischen, Lehrstuhl für Getriebelehre der Rhein.-Westf. Technischen Hochschule Aachen
Symmetrische Koppelkurven und ihre Anwendung
1962. 90 Seiten. DM 29,—

HEFT 1070
Prof. Dr.-Ing. Dr. h. c. Herwart Opitz und Dr.-Ing. Hans-Hermann Herold, Laboratorium für Werkzeugmaschinen und Betriebslehre der Rhein.-Westf. Technischen Hochschule Aachen
Elektromechanische Kopiersteuerungen
1962. 102 Seiten, 74 Abb. DM 33,90

HEFT 1080
Prof. Dr.-Ing. Ludolf Engel, Bergakademie Clausthal
Theorie der handgeführten schlagenden Druckluftwerkzeuge und experimentelle Untersuchungen insbesondere an Abbauhämmern im normalen und anormalen Betrieb
1962. 86 Seiten, 53 Abb., 4 Tabellen. DM 39,—

HEFT 1097
Prof. Dr.-Ing. Dr. h. c. Herwart Opitz und Dipl.-Ing. Reinhard Thamer, Laboratorium für Werkzeugmaschinen und Betriebslehre der Rhein.-Westf. Technischen Hochschule Aachen
Verschleiß- und Schnittkraftuntersuchungen bei der Zahnradbearbeitung
1962. 40 Seiten, 34 Abb. DM 22,50

HEFT 1127
Prof. Dr.-Ing. Karl Leist †, Dr.-Ing. Heinz J. Oellers, Institut für Turbomaschinen der Rhein.-Westf. Technischen Hochschule Aachen
Beitrag zur Berechnung der inkompressiblen Unterschallströmung in ebenen Profilgittern auf elektrischen Digitalrechnern
In Vorbereitung

HEFT 1128
Prof. Dr.-Ing. Karl Leist †, H. G. Wiening, Institut für Turbomaschinen der Rhein.-Westf. Technischen Hochschule Aachen
Enzyklopädische Abhandlung über ausgeführte Strahltriebwerke
In Vorbereitung

HEFT 1135
Prof. Dr.-Ing. Walther Meyer zur Capellen, Lehrstuhl für Getriebelehre der Rhein.-Westf. Technischen Hochschule Aachen
Konstruktion ebener Kurventriebe und vergleichende Analyse ihrer Bewegungsgesetze
1963. 59 Seiten, 29 Abb., 10 Tafeln. DM 34,80

HEFT 1143
Dr.-Ing. Helmut Scheele, Institut für Turbomaschinen der Rhein.-Westf. Technischen Hochschule Aachen, Prof. Dr.-Ing. W. Dettmering
Entwicklung einer Versuchsgasturbine zur Messung der Laufertemperaturen im Betrieb
1963. 100 Seiten, 37 Abb., davon 2 auf Faltblättern, 7 Tabellen. DM 49,50

HEFT 1145
Prof. Dr.-Ing. Dr. h. c. Herwart Opitz, Dr.-Ing. Hans Wilhelm Obrig und Dr.-Ing. Karlheinz Ganser, Laboratorium für Werkzeugmaschinen und Betriebslehre der Rhein.-Westf. Technischen Hochschule Aachen
Funkenerosive Bearbeitung. Untersuchungen von Einflußgrößen bei der funkenerosiven Senkbearbeitung
1963. 70 Seiten, 58 Abb., 1 Tabelle. DM 38,50

HEFT 1146
Prof. Dr.-Ing. Dr. h. c. Herwart Opitz und Dipl.-Ing. Wilfried Lehwald, Laboratorium für Werkzeugmaschinen und Betriebslehre der Rhein.-Westf. Technischen Hochschule Aachen
Untersuchungen über den Einsatz von Hartmetallen beim Fräsen
1963. 73 Seiten, 69 Abb., 4 Tabellen. DM 44,—

HEFT 1147
Prof. Dr.-Ing. Dr. h. c. Herwart Opitz, Dr.-Ing. Paul Brammertz und Dipl.-Ing. Karl Friedrich Meyer, Laboratorium für Werkzeugmaschinen und Betriebslehre der Rhein.-Westf. Technischen Hochschule Aachen
Untersuchungen an keramischen Schneidstoffen
1963. 37 Seiten, 17 Abb., 5 Tabellen. DM 19,80

HEFT 1148
Prof. Dr.-Ing. Dr. h. c. Herwart Opitz und Dozent Dr.-Ing. Janez Peklenik, Laboratorium für Werkzeugmaschinen und Betriebslehre der Rhein.-Westf. Technischen Hochschule Aachen
Untersuchung an Meßsteuerungen
1963. 104 Seiten, 77 Abb., 6 Tabellen. DM 54,—

HEFT 1150
Prof. Dr.-Ing. Dr. h. c. Herwart Opitz, Dr.-Ing. Paul-Heinz Brammertz und Dr.-Ing. Ernst H. Kohlhage, Laboratorium für Werkzeugmaschinen und Betriebslehre der Rhein.-Westf. Technischen Hochschule Aachen
Untersuchungen zum Leistungsvergleich der Feinbearbeitungsverfahren
1963. 60 Seiten, 47 Abb. DM 31,20

HEFT 1182
Prof. Dr.-Ing. Alfred Kuhlenkamp und Dipl.-Ing. Ernst Reuter, Institut für Feinwerktechnik und Regelungstechnik der Technischen Hochschule Braunschweig
Entwicklung eines Drehmomenten-Meßgerätes
1963. 40 Seiten, 27 Abb. DM 18,90

HEFT 1226
Prof. Dr.-Ing. Walter Meyer zur Capellen und Dipl.-Ing. Bernd Janssen, Lehrstuhl für Getriebelehre der Rhein.-Westf. Technischen Hochschule Aachen
Spezielle Koppelkurvenrast- und Schaltgetriebe
In Vorbereitung

HEFT 1245
Prof. Dr.-Ing. Walther Meyer zur Capellen und Dipl.-Ing. P. Danke, Lehrstuhl für Getriebelehre der Rhein.-Westf. Technischen Hochschule Aachen
Sechspunktige Kreisführungen durch das Gelenkviereck

HEFT 1246
Prof. Dr.-Ing. Dr. h. c. Herwart Opitz, Laboratorium für Werkzeugmaschinen und Betriebslehre der Rhein.-Westf. Technischen Hochschule Aachen
Über die dynamische Stabilität hydraulischer Steuerungen unter Berücksichtigung der Strömungskräfte
In Vorbereitung

HEFT 1292
Prof. Dr.-Ing. Dr. h. c. Herwart Opitz, Laboratorium für Werkzeugmaschinen und Betriebslehre der Rhein.-Westf. Technischen Hochschule Aachen
Dozent: Dr.-Ing. Janez Peklenik
Untersuchung der Eigenschaften von Schleifkörpern und ihr Verhalten im Schleifvorgang
In Vorbereitung

HEFT 1296
Prof. Dr. Georg Garbotz und Prof. Dr. Sehad Ersoy, Institut für Baumaschinen und Baubetrieb der Rhein.-Westf. Technischen Hochschule Aachen
Untersuchungen über die Verdichtungswirkung von Tauchrüttlern
In Vorbereitung

HEFT 1302
Prof. Dr.-Ing. Walther Meyer zur Capellen und Dr.-Ing. Erich Lenk, Lehrstuhl für Getriebelehre der Rhein.-Westf. Technischen Hochschule Aachen
Tafeln zur harmonischen Analyse der Bewegungen viergliedriger Gelenkgetriebe
In Vorbereitung

HEFT 1304
Prof. Dr.-Ing. Dr. h. c. Herwart Opitz und Dr.-Ing. Herbert de Jong, Laboratorium für Werkzeugmaschinen und Betriebslehre der Rhein.-Westf. Technischen Hochschule Aachen
Der Einfluß der Walzgenauigkeit von Verzahnmaschinen auf die Fertigungsgenauigkeit und das Laufverhalten von Stirnradgetrieben
In Vorbereitung

HEFT 1309
Oberbaurat Dipl.-Ing. Waldemar Gesell, Staatliche Ingenieurschule für Maschinenwesen, Duisburg
Beitrag zur Arbeitsweise von Sandslingern
In Vorbereitung

HEFT 1331
Prof. Dr.-Ing. Dr. h. c. Herwart Opitz, Dipl.-Ing. Dietrich Gunther, Dipl.-Ing. Martin Hoffmann und Dipl.-Ing. Heinz Schlotterbeck, Laboratorium für Werkzeugmaschinen und Betriebslehre der Rhein.-Westf. Technischen Hochschule Aachen
Untersuchungen an Werkzeugmaschinenelementen
In Vorbereitung

Verzeichnisse der Forschungsberichte aus folgenden Gebieten können beim Verlag angefordert werden:

Acetylen/Schweißtechnik – Arbeitswissenschaft – Bau/Steine/Erden – Bergbau – Biologie – Chemie – Eisenverarbeitende Industrie – Elektrotechnik/Optik – Energiewirtschaft – Fahrzeugbau/Gasmotoren – Farbe/Papier/Photographie – Fertigung – Funktechnik/Astronomie – Gaswirtschaft – Holzbearbeitung – Hüttenwesen/Werkstoffkunde – Kunststoffe – Luftfahrt/Flugwissenschaften – Luftreinhaltung – Maschinenbau – Mathematik – Medizin/Pharmakologie/NE-Metalle – Physik – Rationalisierung – Schall/Ultraschall – Schiffahrt – Textiltechnik/Faserforschung/Wäschereiforschung – Turbinen – Verkehr – Wirtschaftswissenschaft.

WESTDEUTSCHER VERLAG · KÖLN UND OPLADEN
567 Opladen/Rhld., Ophovener Straße 1–3

MIX
Papier aus verantwortungsvollen Quellen
Paper from responsible sources
FSC® C105338

If you have any concerns about our products,
you can contact us on
ProductSafety@springernature.com

In case Publisher is established outside the EU,
the EU authorized representative is:
**Springer Nature Customer Service Center GmbH
Europaplatz 3, 69115 Heidelberg, Germany**

Printed by Libri Plureos GmbH
in Hamburg, Germany